奇妙的
化学

WONDERFUL
CHEMISTRY

[美] A. 弗雷德里克·柯林斯 ｜著

天宇 ｜译

中国华侨出版社
·北京·

图书在版编目（CIP）数据

奇妙的化学 /（美）A.弗雷德里克·柯林斯著；天宇译.
—北京：中国华侨出版社，2019.10（2024.11 重印）
ISBN 978-7-5113-8006-7

Ⅰ.①奇…　Ⅱ.① A…　②天…　Ⅲ.①化学—普及读物
Ⅳ.① O6-49

中国版本图书馆 CIP 数据核字 (2019) 第 186895 号

奇妙的化学

著　　者：[美] A.弗雷德里克·柯林斯
译　　者：天　宇
策划编辑：周耿茜
责任编辑：高文喆
责任校对：王京燕
封面设计：一个人设计
经　　销：新华书店
开　　本：710 毫米×1000 毫米　1/16 开　印张：13　字数：130 千字
印　　刷：三河市华润印刷有限公司
版　　次：2019 年 10 月第 1 版
印　　次：2024 年 11 月第 9 次印刷
书　　号：ISBN 978-7-5113-8006-7
定　　价：42.00 元

中国华侨出版社　北京市朝阳区西坝河东里 77 号楼底商 5 号　邮编：100028
发行部：(010) 64443051　　　传　真：(010) 64439708

如果发现印装质量问题，影响阅读，请与印刷厂联系调换。

出版说明

　　对很多人来说，化学是一种难以理解，并且离我们很遥远的事物，但实际上，化学本身是最有趣的学科之一，它与我们的日常生活息息相关。

　　本书的目的，就是为了让人们了解日常生活中化学的奇妙之处。作者并不是从专业的角度来进行科普，而是一种对日常化学现象的分享。作者是一个尊重科学的实验者，他把我们带到了实验的舞台，我们会从这本书中了解煤焦油的魔力、奇妙的空气、从火药到TNT炸药、日光中的化学、人造化学制品等。

　　书中阐述的观点和实验只是神奇的化学世界中极少的一部分，时至今日，人类对化学的探索从未停止过脚步。这门学科对我们的生活产生的影响是至关重要的。我们翻译出版此书的目的是让更多的年轻人了解化学，从书中获取更多、更丰富的化学知识，让广大的读者在化学的知识海洋里汲取更多的养分。

目录
Contents

第一章　奇妙的空气

　　如果你在一个晴朗的夜晚到户外去，在夜空中找到北极星，再看看它的周围，你会发现北斗星一侧的北斗七星和另一侧 W 形状的仙后座的星图。现在，想象你画出了一条连接了北斗七星、北极星和仙女座的线，让它贯穿在朦胧的星光之间，这就是我们所在的银河系。

　　我们的大气层是怎么来的？——通过高倍数的天文望远镜来观察银河系，你会发现它并不是由无数颗星星组成的，倒是更像雾、蒸汽或者烟的形态，星系的中心是一个明亮的光团，四周还分散着许多小的亮点，星系整体的状态看起来像是静止的。我们的太阳系就是银河系的组成部分，而我们的地球和其他行星则是太阳系的组成部分。星际中含有各种气体和其他构成地球所需要的元素，以及包裹在地球上的空气。

　　大气是如何运动的？——包围在地球表面的空气就叫作大气层，大气层覆盖在地球表面，就和地球上的水一样，之所以能够附着在地球上，都是因为它们有重力并受地球引力的影响。虽然，我们感觉不到空气有什么重量，但大气层的厚度达到了 55 到 200 英里，每平方英尺的压力差不多有 15 磅，这样的重量，足以让它在海平线的高度上紧紧压在地球表面。大气层的压力有着持续而微弱的变化，有些部分会比其他部分的热量更高，为了平衡温度，大气一直处于运动的状态，风就是这样产生的。

大气层是由什么组成的？——虽然空气无处不在，但你感觉不到它，只有当它运动时，比如微风拂过，你才会感觉到它的存在，当风吹过时，你还能听到它的声音。空气主要由两种气体组成——20% 的氧气和 80% 的氮气。

空气中各种不同的气体，只是混合在了一起，并不会进行化学结合；如果它们真的会产生化学反应，就不会组成空气了，不过氧化氮除外。公元 8 世纪的中国人发现空气中含有一种活性元素，其中就含有氧。他们还发现这种元素与硫黄、木炭和某些金属会产生化学反应，并且，发现了从硝石中提取这种元素的方法。不过第一个发现空气主要由氧气和氮气组成的人，是 15 世纪末期的莱昂纳多·达·芬奇（Leonardo da Vinci）。而第一份纯净的氧气样本，则是在 18 世纪时，由约瑟夫·普利斯特利（Joseph Priestley）通过加热氧化汞得到的，他把得到的氧气样本称为"缺乏燃素的空气"，[1] 几年后，当时最伟大的化学家拉瓦锡（Lavoisier）

---

[1] 在普雷斯特利的时代（1750 年），燃素被认为是物质燃烧时释放出的一种成分。当普雷斯特利加热氧化汞时，他认为燃素脱离了最终留下的气体（氧气），因此，他把得到的氧气样本称为"缺乏燃素的空气"。后来，是拉瓦锡推翻了燃素说。

用"氧气"[1]给这一气体命名。

组成空气的另一主要气体——氮气，是由爱丁堡的卢瑟福（Rutherford）发现的。氮气的发现比普利斯特利获取氧气样本还要早几年。卢瑟福的实验是这样的，他把动物关在一个封闭的空间里，抽出了空间中的二氧化碳（动物呼吸时会释放二氧化碳），用木炭将其吸收，而后发现，空气中剩下的气体无法让生命存活。

但最早是由拉瓦锡发现，氮气是存在于空气中的另一种气体。他称之为"azote"，意思是"没有生命"，法国人依然在用这个词命名氮气。我们使用的氮气（nitrogen）一词，来源于拉丁语 nitrum，是指硝石。空气中的氧气是维持生命的气体，而氮气只能起到稀释和传播的作用。

空气中的其他物质——二氧化碳。——你可以尝试一下这两个简单的实验。第一个，准备一杯干净、无色的石灰水，插入一根吸管，对着水中吹气，你会看到石灰水会变成牛奶一样的白色。第二个，点燃一支蜡烛，放进一只装有少量石灰水的瓶中，用不了多久，你就会看到瓶子上结起一层白色的硬壳。这两个实验表明，人呼吸时和蜡烛燃烧时都会产生某种气体，在这两个实验中产生的气体都是一样的。这种气体通常被叫作碳酸气，但正确的名称应该是二氧化碳。

比起氧气和氮气，空气中二氧化碳的含量并不高，不同地区的二氧

---

[1] "氧气"一词是指"成酸物质"，拉瓦锡认为氧气是成酸必需的元素之一。后来，被证明成酸物质是氮气，而非氧气。

化碳含量也不一样。城市地区使用燃料较多，所以，空气中的二氧化碳含量达到万分之六，而郊区仅有万分之三。空气中的二氧化碳含量需要保持稳定，所以，人们会种植植物来吸收生物呼出的、燃料燃烧、动植物腐烂和酒类发酵时产生的及其他多种物质释放出的大量二氧化碳。

矿工在工作时出现的窒息症状，大多都是二氧化碳引起的，虽然二氧化碳无毒，但是也有致命危险；在煤矿中工作的人如果吸入太多二氧化碳，通常有可能致死。不过像是在煤矿，或者是制造苏打水的工作环境中，人体一般可以承受吸入超过正常数量3%~6%的二氧化碳，这样的吸入量不会致死，也不会造成不良反应。

水蒸气。——虽然感觉空气是干燥的，但水蒸气也是存在于空气中的一种物质。当你在天气很冷的时候出门，就会发现在冷空气中的温热呼吸会变成水蒸气。空气中水蒸气的含量取决于空气的温度。当空气中含有足够多的水蒸气时，就达到了"饱和"状态，热空气中饱和的水蒸气比冷空气中的更多。

你的呼吸在冷空气中化成水蒸气，这是因为，虽然你呼出的温热空气中并没有充满水蒸气，但当它与冷空气接触时，冷空气中就会充满水蒸气，这就让你呼出的空气变成了肉眼可见的白雾。这就解释了为什么把一杯冷水放在温暖的房间里，水杯上会有水汽，为什么在室内温暖室外寒冷的时候，窗户上会结霜。冷空气保留水蒸气的能力比热空气要弱，所以，充满水分的热空气在夜间冷却下来，水蒸气凝结成水，附着在草或者其他东西上，这就是我们所说的"露水"。

当出现浓雾或者开始下雨时，就说明空气中充满了水蒸气。空气中的水蒸气含量决定了空气湿度，当水蒸气接近饱和点时，也就是空气湿度高的时候，我们身体的毛孔无法通过蒸发来排出多余的水分，就会有种压迫感。反之也一样，当空气中的水蒸气含量很少时，也就是空气湿度较低的时候，我们出汗就会比较多，这也同样令人不舒服。如果你在室内用加热装置来取暖时，会减少空气中的水分，使空气变得干燥；有一个补偿空气湿度的方法——你可以将一盆水放在散热器旁边，用以弥补空气中流失的水分。

灰尘和细菌。——空气中含有灰尘和多种类型的细菌。如果你观察剧院里投向舞台的聚光灯就会发现，它的光线是一束束的，这是因为空气中的灰尘颗粒反射到了光线中——光线本身成束状的形态是不可见的。

灰尘并不只是干燥的物质颗粒，它还含有大量的细菌；这些细菌的生命以分钟来计算，但它们能够给人体带来各种疾病，除非你的身体健康状态良好，能够抵御细菌的攻击。这些细菌大多数都是单细胞的，一旦它们进入人体中，有了温暖的环境、大量的水和食物，就会开始以惊人的速度倍增。让红酒发酵的酵母也是一种细菌，这种细菌会让肉和植物腐败。所以，细菌有好也有坏。

硝酸，氨和臭氧。——除了主要的氧气和氮气之外，大气中还有其他对人类非常有用的物质。硝酸存在于大气层的上层，每当出现闪电时，其产生的热量会导致氧气和氮气进行结合，生成氮氧化物；再与空气中的水蒸气结合后，就形成了硝酸。我们将会在后面的章节中讲述如何在空气中电解出硝酸，以及硝酸的多种用途。

大气中含有少量的氨。氨来自腐败的动植物释放出的气体，通过稀释作用，它会在空气中分解。当空气中含有较多氨时，就会被水蒸气溶解，又以降雨的形式再回到土地。这样转化而成的氨混合物，最终会变成硝酸，这是滋养土地最好的肥料。

臭氧就是浓缩的氧气，臭氧含有三个氧原子，氧气只含有两个，这使两者的特性完全不同。空气中的电火花把氧气变成了臭氧，所以，当有雷电交加的暴风雨时，臭氧就产生了，有人认为可以通过一种特殊的气味来分辨臭氧，因为空气本身是无味的。

新发现的气体。——1894 年，英国著名科学家雷利公爵（Sir William Ramsay）和威廉·拉姆塞爵士（Sir William Ramsay）发现空气中含有一种叫作"氩"的气体。氩的发现过程是这样的：他们通过去除氧气，从空气中获得了氮气，将其与通过解压被称作亚硝酸氨的氨混合物而得到的氮气相比，前者更重一些。

多次实验之后，雷利公爵和威廉·拉姆塞爵士得出了结论：空气中一定还存在其他物质，这种物质让空气中的氮气比他们从其他物质中获取的氮气更重，而且应该是某种气体。他们给这一气体命名为"氩"（argon），这一名称来源于两个希腊词语，意思是"不活跃的"，因为，所有试图将其与其他元素进行化学反应的实验都没能成功。

1898年，威廉·拉姆塞爵士又发现了空气中3种新的气体，此时的技术已经可以大规模制造液态空气了，这三种气体分别是氖、氙和氪。氖（neon）一词源于希腊语，意为"新的"，它是从一夸脱的液态空气中分离出来的。较轻的气体先从空气中脱离，而较重的气体留在了容器底部，氖就是其中之一。拉姆塞通过实验证明，空气中的氖含量大约为十万分之一。

氙（xenon）原意是指"陌生人"，它也是一种不活跃的化学元素，其他气体都从液态空气中蒸发之后，剩下它留在底部。氙是目前已发现的空气中存在的气体中最重的。氪（krypton）的意思是"隐藏的"，是拉姆塞发现的存在于空气中的另一种稀有气体，它在空气中的含量大约是氖的两倍。

空气是如何维持生命的？——如果动物没有了空气，很快就会死于窒息。人类和所有较为高级的动物都是通过肺呼吸的，从空气中吸进氧气。氧气维持了生命，它进入肺之后被血液吸收，然后被运送到身体的各个部位。

动物身体的细胞主要是由碳和氢组成的，当血液中的氧气接触到细胞，就会产生两种不同的合成物质；氧气与细胞中的碳结合产生了二氧化碳，氧气与氢结合产生了水。二氧化碳又被送回到血液中，通过肺部呼出，回到空气里，水则被肾脏、肺和皮肤代谢。

植物和动物一样，也需要呼吸，但它们有自己独特的呼吸通道，就是叶子下面的气孔。但和动物不同的是，植物直接从空气中吸入二氧化碳，而不是在细胞内生成。二氧化碳也会和植物通过根吸收的水分结合，生成糖、淀粉和纤维素，纤维素是植物细胞壁的主要组成成分。与水结合后，一部分氧气会重新回到空气中。从这一循环中你会发现，氧气的循环是一个持续平衡的过程，植物输送到空气中的氧气被动物吸入，植物从空气中吸收的二氧化碳是动物呼出的。

液态空气的实验——如何制作液态空气？——1895 年，瑞典化学家林德（Linde）发现在极低的温度下——接近零下 200 度，空气可以液化，从那时开始，这一方法就被用来制作液态空气。进行这一实验，需要准备压缩的普通空气，将其输送至插入冷空气的管道中来降低热量。当压缩空气冷却后，就可以通过管口扩散出来，这样就大大降低了空气的温度。

接着让冷气流在管道周围流动，让管中的空气离开管口之前被冷却下来，这一过程需要不断重复，每一次管中的空气都会降低一些，直到最终达到能够液化的温度。这一方法现在被普遍用于液化空气和其他气体。

制作液态空气需要的设备。——液态空气制造工厂一般都会配备二阶空气压缩机，压缩机有两个气缸，一个低压气缸和一个高压汽缸，由蒸汽或者电力驱动。把需要液化的空气装入压缩机的第一个气缸中，此时每平方英尺 200 磅的压力会把空气中的水蒸气和二氧化碳压缩出来。

在此压力下的空气会流入一段被浸在冷水中的管道，当它被彻底冷却后，就可以从一个小的管道口进入第二个气缸中，这个气缸中的压力达到了每平方英尺 2000 镑。再次让空气进入管道，用事先被压缩和冷却过的空气让管道中的空气继续降温，这一步让空气最终成为液态。

关于液态空气。——液态空气呈淡天蓝色，如果把它装在盘子里，或者普通的瓶子里，就会立刻开始沸腾起来，因为正常空气的温度比液态空气高得多，液态空气会持续沸腾，直到化为水蒸气。如何将制造出的液态空气保存下来？这是困扰了科学家们很长一段时间的问题，不过詹姆斯·杜瓦尔爵士（James Dewar）解决了这个难题，他发明了一种双层的瓶子——瓶中还有一个瓶——并且把双层壁间的空气都抽出。这样一来，内部的瓶子就可以隔绝外界的温度，外部有温度的空气想要进入真空中是很难的。这就是保温瓶的原型，现在它已经成为人们保持液体温度最常用的日用品。

与液态空气有关的实验。——如果你有一夸脱的液态空气，可以用它展示出令人惊叹的魔术，连印度教的托钵僧都会梦寐以求这样的神奇力量。把一些水银冷冻成锤子的形状；冷冻成型后看起来会很像一个银制锤子，用它去钉钉子都没问题。把一个空心橡胶球丢进一杯液态空气中，当它被冷冻之后就会像玻璃一样易碎，把球拿出后扔在地上就会碎成无数碎片。把一片牛排放进液态空气中冷冻后，如果你用锤子敲它，

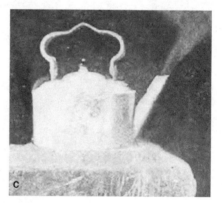

神奇的液态空气

a：在玻璃瓶实验中，液态空气先会漂浮起来，然后氧气会成泡状况在底部，而氮气则会沸腾。

b：水银被冷冻成了锤子。

c：将装有液态空气的茶壶放在一块冰上，壶中的液态空气开始沸腾。

制备液态空气的设备

会发出铜锣般的声音，但也不能敲得太重，否则它也会飞溅成碎片。利用液态空气做出的惊人的实验远不止这些，至于它会给未来带来怎样的影响，依然有待探索。

第二章　奇妙的水

　　世界在形成的时候经历了骇人的风暴，闪电释放出巨大电力，在原始的自然巨变产生出的惊人热量中，氢气和氧气产生了，通过化学反应，空气中出现了水蒸气。水蒸气最终变成液体的水倾向大地，形成了最初始的湖泊、海洋与河流。

　　水是什么？——水和空气不同，它是两种气体的有机结合，是三分之一的氧气和三分之二的氢气的混合体。这两种气体不会在正常温度下结合，结合后也不会燃烧。所以，很显然，这是一条相当有智慧的化学定律，因为这两种气体在单独存在的情况下都是易燃的，一个火花就能将它们点燃，烧遍整个世界。

　　只有当氧气和氢气融合在一起——就像空气中的氮气和氧气一样，它们都是易爆炸的元素，爆炸时它们会产生化学反应，反应生成的液体就是我们所说的水。如果两者的比例正确，在氧气中燃烧氢气是不会爆炸的。在这样的情况下氢气燃烧出的火焰，除了电弧之外，是我们能够生成的温度最高的火焰。要得到氢氧火焰，我们需要用到一种特殊的喷嘴，对着石灰块燃烧，石灰会被烧得炽热，产生耀眼的光亮。在被电灯光取代之前，这种氢氧爆气光经常被用在立体投影仪和舞台的聚光灯上。

你可以用这两个实验来证明水是由氧气和氢气组成的。一个是电解水，另一个是用电火花点燃这两种气体将其结合。电解水很简单，你只需要把两个装有水的试管倒置在装有水的杯中，把电池其中一条电线的一端放进一根试管里，另一根电线放进另一根试管。

纯净的水是不会导电的，要让水导电，你必须滴几滴硫酸进去。这一步完成后，打开电流，你会看到电线（或者电极）的两端出现很多小气泡，还会发现试管上端的水位线在下降，而且，其中一根试管水位下降的速度是另一根的两倍。这是因为试管中的水被气体所取代，而水中氢气的含量是氧气的两倍。

氢气和氧气都是无色的，所以，你看不到它们，要将它们区分开，你还需要做一个测试。这时，你可以把试管从水中拿出来，管底朝上，在剩余水少的试管口放一根点燃的火柴。此时，会出现一个小型的爆炸，燃烧起火焰，这就证明了这个试管中装的是氢气。要测试另一根试管中是否装有氧气，也需要先移出试管，同样使管底朝上，在管口点燃火柴，然后吹灭火苗只留下一点火星，把火柴放进管中，它又会立刻燃烧起火苗，这就证明了试管中装有氧气。

下面的实验将会证明，"电解"水时加入的硫酸会让水导电。上文中的实验已经证明了氧气和氢气从水中被分离出来，但无法证明组成水的物质只有这两种而别无其他。要证明这一结论，你需要一种叫作"测气管"的实验仪器，测气管由刻度管构成，先用它装取一倍量的氧气和两倍量的氢气。在试管的上端，也就是闭合的那一端，用一段铂线将其捆住，形成一个小的火花间隙。

现在，只要试管中的氢气和氧气没有被加热，它们就只是混合在一起，不会形成水，但当电火花通过火花间隙进入试管，这两种气体就会爆炸并产生化学反应，一分钟内就会产生出一滴水。超过 2000 倍量的氢氧混合气体才能产生一倍量的水，通过实验就能看出来，为什么产生的水数量会这样少。

水的特性。——纯净的水是无色无味的。如果你把装在玻璃杯里的水放在灯光前观察，它是没有颜色的，但如果你看到的是更大量的水，比如湖泊，它就会呈现出蓝色。这通常是因为对天空的反射，但实际上这就是纯净或者接近纯净的水自然的颜色。

水有三种形态：液态、气态和固态。在 32 华氏度到 212 华氏度 [1] 之间，水都是液体状态。如果将其加热到 212 华氏度，水就会沸腾至海平面的高度，相反，如果冷却至 32 华氏度水就会变成冰。

---

[1]　华氏，一位生活在 1686 年至 1736 年的德国物理学家，发明了水银温度计，并制作了水的沸点为 212 度、冰点为 32 度的刻度。

　　水沸腾时就会转化为蒸汽，此时的水蒸气是眼睛看不到的。当水蒸气进入冷空气中，会凝结成水珠。我们可以用一个简单的实验来证明，真正的蒸汽是肉眼不可见的。在烧瓶中装入一些水，然后用酒精灯或者煤气灯加热。水沸腾时，你就知道它正在产生蒸汽，但是，在瓶中上方的空间里什么都看不到。当你拔去瓶塞后，就会看到水蒸气出现在空气中。

　　人们都知道，除了某些合金之外所有的金属，以及其他许多固态物质，在被加热之后再进行冷却就会收缩，体积就会变小一点。水在被冷却之后，体积也会减少，当温度达到 39 华氏度，离它的凝固点就只差 7 华氏度。达到凝固点的温度时，水就会变得更重。当温度从 39 华氏度下降到 32 华氏度，水的体积会变大，被冷却的水（32 华氏度）甚至会超过容器的高度，然后开始凝固，最终就变成了冰。

　　因为冰的密度比水要小，所以，它比水的单位重量要轻，这就是水面上结的冰可以漂浮在水中的原因。如果水的体积继续缩小，直到它变成冰，假设冰块永远不会融化，它会沉到水底并堵塞航道。水在开始结冰时的强大力量你应该已经很熟悉了，它会让水管炸开，让牛奶瓶爆裂，会造成各种各样的破坏。在本章末尾，你将会知道人造冰是如何制作出来的。

　　水的种类和用途。——从化学概念上来说只有一种水，但从物理概念上来看，水的种类有很多，这取决于水是否纯净，也就是说水中是否含有外来物质。纯净的水是由氢气和氧气组成的，不含有其他物质，可以通过蒸馏普通的水得到纯净水。通常来讲，雨水是来自自然、不含杂质的水，但雨水中一般都含有其他物质，不能被称为真正的纯净水。井水和泉水看上去非常干净，其实它们都含有各种矿物质。地表水虽然充满细菌，但这些细菌中有些是无害的，而有些却可能带来致命的疾病。

　　水是人类的天然饮料，但人类具有好奇心，所以，利用水和其他物质进行了很多的实验，发现把其他物质，如某种草药、水果和谷物，用水来浸泡、煮沸并蒸馏，会得到其他口感丰富的饮料。然而，水是所有生命体维持健康的必需品，无论是植物还是动物，水都是其生命机体四分之三的组成部分，因此，不含有害物质的水源供应对人类至关重要。

　　艺术和工业领域的用水，很多都含有一些不适合饮用的物质，而且，实际上有很多都是有害的，相信你也有所了解。

　　关于饮用水。——饮用水对人的健康状态有着决定性的影响，因此确保饮用水的安全性、可饮用性是相当重要的。泉水和井水通常都是不含细菌的，但一般或多或少都会含有一些矿物质。当水渗入土地中，细菌就会附着在土地粒子上，不会被带入地下；当水接触土壤中的矿物质时，会将一部分矿物质溶解于水中。

　　如果地下水流自己流到了地表面，就形成了泉水，这样的水是纯净、健康的水。如果地下水流到海里，就会携带矿物质，海水蒸发后，矿物质留在海水中，纯净水变成水蒸气，最终又变成降雨。

通过实验就可以很容易地弄清楚水中有多少外来物质。只需要在一个瓷盘中装入水，将瓷盘放在酒精灯或煤油灯上加热，直到水全部蒸发，盘中剩余的固体就是水中含有的物质。当水流进含有花岗岩的土壤时，花岗岩很难被水溶解并随之流走，但如果水和石灰岩接触，大量的石灰岩就会被溶于水中形成碳酸盐。

软水和硬水。——雨水及其他几乎不含有矿物质的水被称为软水，相反，含有石灰岩或其他矿物质的水被称为硬水。事实上，任何一种含有足够多的矿物质、能够使肥皂凝固的水都被称为硬水。每 100 万单位的水中含有超过 25 单位的矿物质，这样并不算是硬水。如果 100 万单位的水中含有超过 50 单位的矿物质，那就称得上是硬水了。

硬水分为两种，暂时性硬水和永久性硬水。区别在于，通过使其沸腾，暂时性硬水中的矿物质可以被去除，因为水中含有的碳酸盐可以被沉淀在壶底。而沸腾的方法对永久性硬水无效，因为它含有石膏，或者说是硫酸钙，无法通过沉淀的方式去除。不过你可以通过加入苏打（碳酸钠）的方式，在一定程度上软化永久性硬水，苏打可以让水中的硫酸钠沉淀在溶液底部。

肥皂在水中是如何反应的？——在水中加入肥皂会出现肥皂泡，是因为水中的矿物质含量很少，几乎没有。但是，如果你把肥皂加入硬水中，它会和水中的矿物质发生化学反应，生成一种不能被溶解的混合物。如果你通过沸腾的方式沉淀硬水中的碳酸盐，或者用加入苏打的方式沉淀硫酸钙，此时再加入肥皂也一样会产生泡沫。

在家庭中使用硬水，会特别消耗肥皂。不仅如此，硬水的特性也使矿物质进入皮肤毛孔后，很难被肥皂去除。硬水中的矿物质也会堵塞在有网孔的物品上，所以，用它清洗东西也很难洗干净。几乎所有的洗衣皂和洗衣粉都会配有苏打，目的是为了软化硬水，而这对于被清洗的物品又会有不好的影响。

锅炉用水和水垢。——如果你经常用茶壶煮井水，看看茶壶底部，你会发现上面结了水垢，或许还会长毛。水垢其实就是水沸腾后矿物质沉淀的结果。用在发动的引擎上和蒸汽动力厂里的硬水也是一样，因为使用量更大，所以，产生的水垢更严重。换句话说，工厂的锅炉和管道内部都积满了矿物质，它们阻碍了热量的流出，所以，生产过程中就要消耗更多的煤。在锅炉中使用硬水，还有其他的弊端：（1）锅炉上的水垢会不断增加，这会使锅炉上的缝隙越来越大；（2）水垢会让管道变热，这不仅会缩短锅炉的使用寿命，而且还有可能造成爆炸；（3）水垢会让锅炉管道凹陷；（4）水垢会让水产生泡沫。

让锅炉不会因为水垢而斑驳受损，同时让水也不会起泡，最简单经济的方法就是用软水，不过这也不能保证永远有效。如果一定要使用硬水，也可以采用一些方法去除水的硬度。如果使用暂时性硬水，可以在水进入锅炉前先使其沸腾，也可以加入石灰乳，石灰乳是由熟石灰加入水中搅拌而成的。

要软化具有永久性硬度的锅炉水，可以加入石灰水，但石灰水的用量取决于锅炉水中矿物质的含量。锅炉水中既有碳酸盐也有硫酸钙，所以，它的硬度兼具暂时性和永久性的特征，但都可以通过加入氢氧化钠来去除。这一方式被称为离子交换法，被广泛用于软化锅炉水。离子交换树脂是一种非常粗糙的沙砾，把水滤入其中，水中的矿物质会与沙砾发生化学反应，沙中的钠将会把水中的钙替换掉。钠混合物进入锅炉中不会与水产生化学反应，而是会起到清洁作用。

大规模的水净化。——给城市用水提供充足的水源，是人类文明社会中最重要的问题之一，而净化饮用水的需求，在近50年才成为人们关注的议题。净化饮用水主要有下面这些方式：（1）沸腾法；（2）曝气法；（3）化学法；（4）臭氧法；（5）生物法；（6）凝结法；（7）有机分离。

如果是小规模的饮用水净化，如家庭饮用，沸腾就是最简单、最好的方法。但如果是大规模的水净化，就需要用到上述的后6种方法，可能单独使用也有可能需要结合起来。曝气法就是将水向空中喷洒，或者将水从堆高的石块上倾倒下来。这两种方式都会使水接触空气，空气中的氧气会被溶解在水中。虽然，这种方式改善了水质，但是对水的净化程度还不够高。

化学法主要是向水中加入含氯石灰，也就是漂白粉，氯气被释放出来后可以杀死水中的有害细菌。臭氧就是氧气的加强版，可以通过电解空气得到，水中加入臭氧一样可以杀死细菌。臭氧的净化效果比氯要好很多，如果水中含有较多的臭氧，一般不会被察觉到，但如果水中含氯太多，喝起来就会有一股怪味。在所有的净化方式中，最奇妙的一种就是把对人体无害的细菌加入水中，让它们杀死有害细菌。这就是上文中所说的生物法。

另一种净化水中细菌的比较特殊的方法是凝结法。使用这一方法，需要把一种像胶水一样的无害物质加入水中，水中的细菌和其他杂质就会被吸附上去。当水已经相对纯净时，就可以把这些东西分离出来了。如果使用沉淀净化法，大部分杂质包括细菌会沉入水底，但是无法将它们从水中分离出来。通常在使用沉淀法之后，通过机械过滤或砂过滤，可以去除残留的细菌和其他杂质。

如何制作人造冰？——用氨造冰。——氨是最容易液化的气体，这一特点在制作人造冰时就有了很大优势。想要液化氨气，只需要将其压缩，让它失去热量。当压力被去除后，液态的氨又会膨胀成氨气，转化为气体的过程中又会吸收大量的热量。液态氨转化为氨气时吸收水中的热量，会让水温降至冰点。

用氨制造冰需要用到的设备有引擎或其他动力驱动的压缩机，冷却水的管子和冷却池。把氨气放进压缩机的气缸中，将其压缩成液态，再让其进入管中，冷却后的水会滴在管子上。

接下来就要把液态氨变成氨气，在这一过程中，氨气会流经另一段浸在盐水溶液池中的管子，盐水在正常温度下不会结冰。当氨气流入这些管中时，它会吸收盐水中的热量，直到水的温度降至 32 华氏度，就达到了水的冰点。此时，装满了蒸馏水的钢罐被浸在盐水池中，里面的水就结成了冰。

第三章　火、热量和燃料

　　火的制造和使用是人类独有的能力。除人类外，没有一种动物知道如何使用火，更不必说如何取火了，哪怕是和人类相似的猿类动物，如长臂猿、红毛猩猩和黑猩猩也不具备这种能力。100多万年前，在人类最早的进化过程中，人成为比猿类动物更高级的动物的原因，就是因为人类能够利用火。再到后来，现代人类，或者智人（具有人类的智慧）就拥有了在需要的时候自己取火的能力。

　　取火方式的起源。——人们一般猜想的是，在原始人学会自己取火之前用到的火，都来自在山谷里收集滚烫的火山灰或火山岩浆，或是被闪电击中后着火的树，或是陨石坠落后燃烧起的干草。对于人类首次自己取火比较确定的说法有两种：一是撞击两块打火石生成的火；二是用木棍在一块较软的木板上钻出火来。

　　第一种撞击取火的方式被使用了几个世纪，这一方式后来也有些许改进，人们用钢片替代了石头，一直到 20 世纪中叶火柴被广泛使用，才成为更普遍的取火方式。但第一根摩擦火柴诞生于 15 世纪。罗伯特·波义耳（Robert Boyle）是历史上最早的真正的化学家之一，他在 1680 年发现了磷，在他的指导之下，戈弗雷·霍克威兹（Godfrey Hawk-witz）把一根薄木条放进硫黄中，获得了磷，火柴就是这样产生的。

使用磷来取火，是因为它可以在很低的温度下燃烧，实际上黄磷只要暴露在空气中就会燃烧产生火，而红磷只要稍微加热，再摩擦一下也能燃烧起来。由于磷的使用有一定的危险性，特别是黄磷尤为明显，而且成本也比较高，所以，火柴被发明出来之后，过了 150 多年才开始被广泛使用。

什么是火和火焰？——当一种物质在大量的空气中与氧气进行了强烈的化学反应，就会产生热和光，我们就称这种物质在"燃烧（burning）"，这种现象就是"火"。使物体燃烧起来的行为或操作被称作"燃烧（combustion）"，但 burning 和 combustion 这两个词指的是同样的意思。许多可以燃烧的物质中都含有氢气和其他气体，当它们被点燃时，产生出的射向空气中的光线就是"光（light）"。基本上各种火焰在燃烧时，都是主要由碳构成的固体粒子被阻断在气体中并被加热到炽热状态而产生的光——也就是白炽。

燃烧和燃点。——想要燃烧一张纸或一块木头，你得先给它加热，加热到一个它还不会燃烧起来的温度。纸、木头或者其他物质能够被点燃的最低温度就被称为燃点。不同的物质燃点不同，这一定律被运用到了火柴的制造中。把木条的一端放进融化的石蜡里，就会凝结成磷和氯化钾的混合物。

当你划一根火柴，摩擦产生的热量会让磷起火，释放出氯化钾中的氧气，磷燃烧的过程中，石蜡被加热到燃点后燃烧起来，产生的热量又会加热木条，使其达到燃点，最终木条也会燃烧起来。物质在温度达到燃点时才会开始燃烧，是自然界中明智的预警原则，如果没有一个使温度上升的过程，任何可以燃烧的物质一旦接触氧气就会被点燃。一定要记住，燃点是使物质燃烧的最低温度，而不是物质已经开始燃烧时的实际温度。

物质什么时候会在空气中燃烧？——要让某一物质燃烧，必须要有充足的氧气，并且让温度升至这一物质的燃点。空气中的氧气为用于常规燃烧和使大部分可燃物燃烧的气体提供了条件，尤其是那些我们用来作为燃料的气体，它们主要是由碳和氢组成的，当达到燃点时就可以和氧气充分结合开始燃烧。

铝在氧气中燃烧时的温度比其他物质燃烧时的温度要高得多，因为铝燃烧时释放出了金属中的如氧化铁一类的氧化物，也就是铁锈。铝对氧气有很强的吸引力，它燃烧时的温度高到足以融化任何金属。铝的这一特性是进行焊接和高德施密特的"铝热法"制造纯金属的基础，我们会在金属的章节中进行更详细地解释。

如何取火和灭火？——取火的前提是必须要拥有充足的氧气，这就是为什么你需要先用纸或木屑生火，然后再加入木头或煤的原因。用帽子扇风，用嘴吹，或者更高级一点，用风箱送风，都是出于这个原理。要让燃料在起火之后持续燃烧，就必须保证有充足的氧气和氢气进行快速地结合，让燃烧温度一直高于燃点，释放出燃烧的产物。

灭火其实就是燃烧的反向操作，并且将其持续下去。如果是刚刚起火，最快的方式就是用毯子将其闷熄，毯子会将氧气隔绝在外，燃烧物周围只会留下二氧化碳。如果是建筑物起火就需要用水来熄灭，水可以通过吸收热量的方式大幅度降温，让燃烧物的温度低于燃点，此时形成的水蒸气可以隔绝空气，从而阻止燃烧物接触更多的氧气。灭火器的设计原理就是这样的，被打开时，灭火器就会释放出二氧化碳，或者其他不可燃、不支持燃烧的气体，这些气体的压力会形成气流喷在燃烧的物质上。

关于自燃。——当氧气与某种温度已经超过燃点的物质结合后，会使其氧化，这种物质就会生锈或者腐烂。这种化学反应很像燃烧，但是，在反应过程中产生的热量非常少，通常也不会产生光。当氧气与某些物质进行反应时，比如亚麻籽油，如果在里面放入羊毛，就可以吸收热量，使其不流失；当羊毛吸收的热量温度足够高，升至燃点时，就会自动起火，这就是"自燃现象"。

　　热量是能量的一种形式。——热量是能量的一种，并不是过去被认为的那样，是一种物质。热量可以通过不同的方式产生，比如摩擦，比如电流通过带有电阻的电线，或者通过化学反应。通过化学反应产生热量的方式是我们在这里讨论的重点。任何种类的物质都是由被称为"原子"的小粒子组成的，当一种物质燃烧时，碳原子和氢原子会与氧气结合，它们的运动会增加渗透和围绕在物质周围的粒子的振动频率。通过粒子的震动，光和热才会从燃烧的物质中产生。如果粒子的震动与你的身体接触了，就会作用于身体的热神经，你就会有热的感觉。

　　热量可以产生动力。——动力的产生方式有很多种，比如，通过风力、水力和火力。热量是最可靠，也是最易于控制的动力来源，它有一个很大的优势，就是只要有燃料就可以随时随地被使用。热量产生动力主要有两种方式：一种是燃料在锅炉内燃烧，产生的水蒸气就会驱动发动机的活塞，另一种就是直接将燃料在发动机的汽缸内燃烧来驱动活塞。

　　在这两种方式中，活塞的反复运动都会转变成曲轴的旋转运动；由此产生的动力很快就能转化成其他形式的动力，比如，液压动力、气压动力和电力。由此你会发现，通过燃烧两种及以上的物质，使其进行化学反应，产生的能量被释放后可以提供动力。

　　温度的意义。——你拿起一件东西，会说它是暖的或者凉的，冰的或者热的，但是，你为什么会用这些词语来形容它？你是想表达什么意思呢？你想，反正就是这么回事。你身体里的化学反应会将你手中的物品加热到 98 华氏度，你会说"暖"或者"热"的东西，它的温度肯定是超过了你的体温，它会持续把热量传给你，直到你的体温与它的温度相同。如果你觉得某件东西是"凉"的或者"很冰"，那么，你的体温就会被传递到它身上，直到温度与你相同。"温度"就是物体的冷热程度，它是通过"度"来衡量的。

测量温度。——身体热量的高低就是体温，它是用一种我们非常熟悉的小工具"温度计"来测量的。温度计有一个玻璃管，下端有一个小玻璃球。小球里装有水银，玻璃管的上端是被封住的。玻璃管上标有刻度。水银是一种金属，它和其他所有的金属一样——除了某些特殊的合金之外——在常温状态下是液态的，具有热胀冷缩的特性，因此，当温度计的玻璃管接触的空气或任何物体的温度变化时，其中的水银就会升高或降低。

温度计水银柱的刻度精确显示出了不同的温度，因此，可以精确测量出温度，温度计刻度的标记方法，是将温度计放在融化的冰中，标记出水银柱在管中下降的最低位置，此时就达到了冰点的温度。接下来再把温度计放入沸腾的水中，标记出水银柱在管中升到的位置，这就是沸点的温度。再对冰点和沸点之间的范围进行等分，并在沸点之上和冰点之下少量标记几个等量的刻度。

在美国，温度计刻度的表示方法主要有两种，分别是摄氏温标和华氏温标。摄氏温标中的冰点被标记为 0 度，沸点则是 100 度，两者之间有 100 个刻度，代表了 0 度到 100 度的温度。摄氏温度计多被用于科学工作。华氏温标中的冰点是 32 度，沸点则是 212 度，所以，两者之间有 180 个刻度。华氏温度计在英语国家中大多都是家庭使用。

燃料的化学特性。所有能够燃烧，并且产生热量的物质都可以被用作燃料。好的燃料主要有这三种特点：含有易于与氧气结合的成分，能够释放出大量的热量，并且量多价廉。最好的燃料肯定主要是由碳和氢组成的，当它们与空气中的氧气结合时，会产生大量的热量，并且灰尘很少。

碳氢化合物——烃在燃烧时会产生水蒸气和二氧化碳。如果燃烧不充分，产生的碳就会进入空气中，形成一种可见的物质，也就是我们所说的"烟"，燃料中的外来物质，如石粒子和其他矿物质，就会以灰的形式变成燃烧残留物。

现在，让我们来看看燃料燃烧时发生了什么。首先，燃料中的氢气被释放出来，燃烧时形成了火焰。接着碳被加热到炽热状态，与空气中的氧气结合产生了二氧化碳，并进入空气中。自然界中的燃烧过程中没有物质被浪费，释放了空气中的气体和燃烧剩余的灰烬，再加上从空气中吸收的氧气，三者的重量之和与燃料的重量相同。

燃料的种类和质量。——固体燃料。——燃料的种类有很多，但是，它们一般可以被分为三个大类：固体燃料、液体燃料和气体燃料。木头、泥炭和煤都是主要的固体燃料，石油和酒精是使用最广泛的液体燃料，天然气和人造气体是最常见的气体燃料。

木头是最早被用作燃料的物质，一直到两个世纪之前，木头一直都是为人类提供热量的唯一来源。后来，人们发现了煤和石油。燃料木材是通过砍伐树木得到的，但在使用之前要先使其干燥，所以，要先把木材劈开并堆叠起来，让里面的水分变干。木头是由大量纤维素组成的（参见第十章"造纸"），纤维素中含有碳、氢和氧气。硬木比软木更适合被用作燃料，因为越硬就燃烧得越持久。

木炭就是烧焦的木头。制造木炭的方式主要有两种。比较传统的方式是把木材堆成圆锥形，然后盖上一层土。在木材堆底部的土层上挖一些小洞，在木材堆顶部挖一个大洞，这样充足的氧气就可以进入木材里，带走里面的水分、气体、酒精和醋酸，但进入其中的氧气还不足以与碳产生化学反应，因此，土层中剩下的就是木炭形式的碳。另一种比较现代的方法，就是在封闭的真空铁瓶里加热木头，这样就可以使木头中的酒精和其他成分被保存下来。

泥炭这种燃料对很多美国人来说还比较陌生，但是，它在爱尔兰和一些欧洲国家被广泛使用。泥炭是达到了一定腐化程度的植物物质，所以，既不是木头也不是煤。泥炭的主要成分是苔藓，苔藓死去后又会为新苔藓提供生长环境。当各种生长出来的植物死去后，它们会堆积成厚厚的一层，在泥土层上覆盖的水分的作用下，它们会分解成为松散的状

阿尔图纳附近的炼焦炉

这些炼焦炉装满了从上面运送下来的烟煤。烧制过程中门是密封的。

态。但此时的泥炭还不能被用作燃料，要先把它从泥沼中分离出来，放在阳光下晒干。干燥后的泥炭表面很像煤，但两者是不同的，泥炭中有三分之一都是氧气。泥炭中还含有大量的矿物质，当然燃烧之后它们就会变成残留的灰烬。

在石炭纪时期，地球上的大片区域都被沼泽覆盖，空气潮湿而沉重，气温也是酷热难当。在这样的气候条件下，蕨类植物生长得非常繁茂，和我们现在的树木一样高大。蕨类植物死后会被水分覆盖，会经历部分脱氧的过程。经历一场大风暴之后，死去的蕨类植物会被掩埋在土壤和岩石之下，这样的压力会迫使其中的气体脱离出来，留下较为纯净的碳，就形成了煤。

用作燃料的煤主要有两种：烟煤（生煤）和无烟煤（硬煤）。两者的区别在于，烟煤含有大量的气体，还包括焦油等多种其他物质。我们会在后面的章节中告诉你煤焦油的神奇之处。

无烟煤主要是由碳构成的，由于土壤的压力，无烟煤中的气体和其他物质都脱离了出来，留下了纯净的碳，因此，它在燃烧时只会产生火焰，没有烟雾。把烟煤装入密封瓶中加热，就会产生焦炭，就像木头燃烧后会变成木炭一样。煤的燃烧产物还包括珍贵的煤焦油，过去人们还不知道它的价值，都是直接把它丢弃。

液体燃料。——在各种液体燃料中，原油和酒精是使用最广泛的两种。原油就是天然石油，石油（petroleum）一词来源于拉丁语 "petra"，意思是岩石和发烟硫酸，其实指的就是一种厚重的油，作为燃料的石油和其他种类的油都是从中产生的。石油最早是在宾夕法尼亚州被发现的，但几乎世界上每个国家都发现了石油。石油存在于砂岩之中，因此，原油或者石油被统称为油砂。

油田通常都位于地层深处，要开采石油就必须通过钻出油井深入地层的方法。要从其他各种油中分离出原油，就必须要经过蒸馏或提炼，不过这一步骤一般不在油田里进行。因此，在俄克拉荷马州开采出的石油会经过管道运送到新泽西州的炼油厂。

原油会被送到炼油厂的大型蒸馏室里，然后被加热。因为，原油中含有的其他种类的油，沸点各不相同，所以，它们会在不同的温度下被蒸发成气体。这种方式被称为分馏。轻质汽油和煤油等轻油就是通过这种方式产生的。用于润滑的重油，如凡士林油和石蜡，就会留在蒸馏容器的底部，非常难以去除。

用于燃料的酒精是由发酵的谷物或者其他含淀粉的物质加上糖蜜和木屑制成的。它的主要成分是氢气，所以，酒精燃烧产生的火焰是无色无烟的，热量非常高。酒精是一种非常便利的燃料，因为它产生的火焰小而且热，用内燃发动机就可以迅速点燃。

气体燃料。——主要分为天然和人造两种。天然气经常会和石油伴生在一起，通常存在于严密、不透气的空间里。天然气一般都在巨大的压力之下，通过钻井的方式，以气流的形式流出。在发现了天然气的地区，一般都只将它作为燃料使用，因为它价格便宜，而且具有很好的燃料属性。通过在封闭容器中加热烟煤产生的气体燃料，被称为煤气。把空气注入煤中，将煤加热到炽热状态时产生的气体燃料就是水煤气。

第四章 实用的酸

如果你问一个不了解太多化学知识的普通人，什么是酸？他多半会说酸是一种有酸味的液体，会腐蚀金属，并且会灼伤皮肤。虽然，所有的酸都是有酸味的，但如果没有溶于水中的话，它们并不都是液体，也不是所有的酸都会腐蚀金属。化学概念中的酸是一种含氢化合物，几乎所有的酸都会与金属产生化学反应。基本上所有的酸都含有氧和氢，这两种气体再与第3种元素结合就形成了酸。比如，当氢和氧与硫黄结合时就形成了我们熟悉的硫酸。

酸的特性。——回顾第二章中的内容，你会注意到，水是氢和氧的化合物，它是最强效的溶液，也就是说相对比其他任何一种液体，水可以溶解更多的物质。水甚至能够溶解一些轻金属，这一特征可能会让你有些意想不到。但如果是像铁、铜、银和金这样的重金属，就需要在水中加入强酸才能将其溶解。

　　酸是如何被命名的？——如果你发现几种事物拥有相似的名称，就会觉得它们应该在某些方面有共性。比如，猎狐犬和牛头犬，它们的外表几乎毫无相似之处，但是，从解剖学特征上来看它们非常相似，所以，猎狐犬和牛头犬都被冠以"犬"的名称。酸的命名方式也遵循了这一原则，无论是气体、液体还是固体，各种酸都在某些方面有类似之处。

　　在氧气被发现之后，当时的化学家们都认为所有的酸中都含有氧。"氧气（oxygen）"一词的含义是"酸的形成元素"，任何一种能够使蓝色的石蕊试纸变红（这是一个测试酸性的简单实验）的含氧物质，都被称为"酸"。后来，化学家又发现，并不是所有的酸中都含有氧，比如，盐酸就是由氢和氯组成的，氯是一种气体，需要使用时可以将它溶入水中。

　　硫酸是由氢、硫和氧3种元素组成的，而硝酸则是由氢、氧和氮3种元素组成的。你会发现以上列举的3种酸中都含有氢，但只有两种含有氧。所以，氢才是真正的"酸的形成元素"，由此可以得出结论：不含氢的物质就不是酸。只有当酸溶于水中时，它才具有足够的活性去溶解金属和其他物质。

　　3种实用的酸。——酸的种类非常多，这里为大家介绍3种比较常见，用途也非常广泛的酸，它们分别是硫酸、盐酸和硝酸。每年人们都会生产出400万到500万吨的硫酸，1000万吨的硝酸，盐酸的产量也不比硝酸少。由此可见，这些都是非常实用的酸。

　　硫酸。——要了解硫酸，我们需要先从硫的概念开始。硫是在土地和岩石中被发现的，要得到纯净的硫，就需要进行加热，使混合物中的硫融化变成液体流出。冷却之后再进行蒸馏，硫再次液化，此时就可以提取纯净的硫装入模具，使其形成筒状，这就是我们在药店里可以买到的硫黄卷。

硫可以与多种金属产生化学反应，这一特征与氧很相似。当硫与铜产生反应时就会生成一种新的物质硫化铜。当硫化铜燃烧时，硫会与氧气结合，生成一种叫作二氧化硫的气体，这种气体中含有等量的硫和氧气；燃烧后剩余的固体就是氧化铜。

要让二氧化硫吸收更多的氧气，可以将其放入一个装有铂粉末的试管中，然后加热到 800 华氏度。催化剂会使二氧化硫多吸收一半的氧气，变成三氧化硫。三氧化硫是一种液体，也是制作硫酸的基础。要制作硫酸，只需要把三氧化硫倒入水中就可以了。三氧化硫和水之间有强大的吸引力，两者一接触就会立即生成硫酸溶液，溶液会冒烟和喷溅，就好像水中被丢入了一块烧红的铁一样。

我们简单说说催化剂。在氧化硫中加入被加热的铂粉末，铂不会与氧化硫产生化学反应，它只会通过让更多氧气进入试管中的方式加速氧气的供应，使其与氧化硫结合。这种加速其他物质化学反应并且不会与之产生化学反应的物质，我们称之为催化剂。

硫酸的一些特性。——纯净的硫酸是一种油状液体，一般被称为"浓硫酸"，它是由以前的化学家用硫酸亚铁制作出来的。浓硫酸的重量差不多是等体积水的两倍，溶于水中会产生非常激烈的化学反应。如果要将两者混合，每次只能向水中倒入少许浓硫酸，并且持续搅拌。当水被倒入硫酸时，会产生很大的热量，如果将水和硫酸倒入瓶中混合，还有可能会爆炸。因为，硫酸溶液的沸点很高，它通常被用于制作其他种类的酸。

硫酸与大多数金属都能产生化学反应，尤其是锌。脱水后的硫酸可以烧焦纸、木头和其他物质。脱水就是通过去除硫酸中的氢和氧，也就是水的组成元素的方式，去除硫酸中的水。脱水后的硫酸不再含有水，所以，它引起的燃烧是不可逆的。脱水的操作让硫酸被广泛用于各种领域的制造工序中。

硫酸的用途。——在前文中我们提到过，在美国每年有超过 400 万吨的硫酸被制造和使用，这一巨大的产量来自全国 150 到 200 家工厂。在产量巨大的硫酸当中，很大一部分都被用于制造肥料，而第二大用途则是原油提炼。除此之外，硫酸还有其他许多用途，比如，用于制造硫酸铝或者其他硫酸化合物，或者制作高强度爆炸物。的确是如此，无论是重要还是次要的化学制品的制造，几乎都需要用到硫酸或者其他硫酸制品。

盐酸。——早期的盐酸是用海水制作而成的，被称为 muriatic acid，一些传统的技工现在仍然在使用这一名称。你自己也可以制作盐酸，只需要把一勺食用盐，也就是氯化钠放入试管，加入试管刻度一半的水。

然后在试管中分次加入少许硫酸，一次一滴，硫酸会与试管里的盐产生化学反应。很快你就会看到有气泡出现，当气泡持续产生一段时间之后，这一现象就会停止，此时，把水倒入试管中，盐酸的制作就完成了。

上述实验中的化学反应是这样的：当你向食用盐或者氯化钠中加入硫酸时，两者会进行化学反应产生硫酸钠，同时溶液中的氯化氢被释放出来。500 单位量的氯化氢将会溶于一单位量的水中，它不会流失在空气中，而会溶解于水中并生成盐酸。

盐酸的一些特性。——化学概念中的纯净盐酸，是指含有 40% 氯化氢的水溶液。普通用途的盐酸通常都不是纯净盐酸，因为含有各种杂质，所以颜色比较暗沉，这种就属于商业用途的盐酸。

盐酸本身无法溶解金或铂等金属，它与银、铜、铅和汞的化学反应也比较微弱，但盐酸与锌可以产生强烈的化学反应。浓硝酸和浓盐酸混合后生成的硝基盐酸，又被称为"王水"，因为它可以溶解被称为"金属之王"的金。而且，盐酸还有一个神奇的特性，它有一定的毒性，但人类胃中起到消化作用的胃液，却是由稀释盐酸、乳酸和胃蛋白酶组成的。

盐酸的用途。——盐酸可以被用于氯的量产，氯是漂白剂的主要成分。在钢材使用前的准备阶段，盐酸还广泛用于钢材的清洗，而且，也常被用于制造胶水和凝胶。

硝酸。——硝酸的制作很简单，你只需要把一盎司的硝石，也就是硝酸钠，放入两盎司容量的玻璃曲颈瓶中，再加入四分之三盎司的硫酸。

然后把曲颈瓶固定在架子上，准备好用于加热的酒精灯或煤油灯，并把一根试管塞入瓶口。

接下来开始加热曲颈瓶，加热过程中会开始化学反应，产生蒸汽形态的硝酸，要使它凝结成液体，就需要使曲颈瓶接触流动的冷水，硝酸就会变成液体滴入试管中。在硝酸的制作过程中，硝酸钠和硫酸钡同时加热，它们进行化学反应后会生成两种新的物质——硫酸钠和硝酸。硫酸钠会呈固态留在曲颈瓶中，硝酸会呈气态被释放出来，再通过用水冷却的方式使其液化。

量产硝酸也是采用同样的方式。硝酸钠（或者硝石）与硫酸的混合物在曲颈铁瓶中被恒温加热，这样可以保持硝酸的稳定，防止它被分解。在曲颈瓶中的硫酸被用尽之前，先阻断加热源，此时，瓶中会留下一些硝酸钠。硝酸钠与硫酸钠结合会产生硫酸氢钠，这一产物可以被用于制作肥料。硝酸蒸汽进入大量的冷凝器中，被冷却后就会成为液体。

硝酸的一些特性。——纯净的硝酸是无色的，但通常由于硝酸中含有少量的氮氧化物和其他杂质，会呈现出黄色。想要净化硝酸，使其呈无色状态，需要使用空气喷净法，让空气带走硝酸中的其他气体。硝酸的重量大约是等体积水的 1.5 倍，当它与水接触时就会冒烟。硝酸被加热之后，会分解出氧气和过氧化氮，过氧化氮是一种略带红色的气体。不光是人为加热，阳光也可以在一定程度上使硝酸分解出过氧化氮，从而净化颜色。

硝酸是一种有强烈毒性和腐蚀性的液体，以前的化学家称其为 "aqua fortis"，意思是 "最强的水"。硝酸很容易释放出氧气，所以，它是一种强效氧化剂，对植物和动物的效果尤其明显。和盐酸一样，硝酸也会与大多数金属产生化学反应，但硝酸本身也无法溶解金或铂，除非与盐酸混合，这一点在前文中已经进行过解释。硝酸一直以来都被用于检测金或仿制珠宝，它被人们称为 "试金石"。当硝酸与动物的活性组织接触时，会造成严重的灼伤，因此，使用硝酸时一定要万分小心。

硝酸的用途。——每年生产和使用的硝酸超过 1000 万吨，足以说明它对于生产和生活的重要性。50 年前，硝酸的用途基本上只局限于染色、烧灼消毒手术、铜盘版画的线条蚀刻、剃须刀片和剑的设计等，而现在硝酸有了更多直接或间接的独立、特殊用途。

硝酸可以被用于制造硝酸钾、硝化纤维、肥料、硝酸甘油和三硝基甲苯——也被称为 TNT 炸药。硝酸钾可以用于肉类防腐和制造火药，也被用于药品中。硝化纤维被用于制造强棉药，赛璐珞（一种合成树脂）和火棉胶。而肥料则可以带来食物。硝酸甘油是一种爆炸物，可以被用于制作炸药，同时也可以用作药品；强棉药通常会被用在矿井和鱼雷中，它是制造无烟火药的主要原料。硝酸纤维一般被用于摄影胶片、盥洗用品、编织针和玻璃的制造；火棉胶多被用于医疗手术和摄影胶片涂层的制造。三硝基甲苯是用于炮弹、炸弹和鱼雷制造的可爆炸物质。

从空气中提取硝酸。——早在 1781 年，化学家卡文迪什（Cavendish）

就已经发现，氢氧结合生成的水中一定会含有硝酸。在这个经典的实验过去了140年之后，后来的化学家们已经能够"固定"空气中的氮气，也就是让氮气与氧气结合，产生硝酸。如今，已经有一些可以实施"大气氮固定法"的大型工厂了。这些工厂附近大多都有大量的水力资源，因为如果想要让从空气中获取硝酸的方法和用硝石制造硝酸的方法一样价格低廉的话，就必须有低价的动力来源。

虽然，空气中氮的含量有五分之四，但最难的一步就是以最经济的成本大量提取，或者说"固定"。在第一章中你已经了解到，只有当被加热到3000摄氏度时，空气中的氧气和氮气才会产生化学反应，只有达到这个温度，它们才会结合生成硝酸。

具体的操作方法是这样的，首先把空气送入装有电弧的管道或是烟囱中，加热到一部分空气变成一氧化氮时，会产生地球上已知的温度最高的火焰。当空气冷却后，会有更多的氧气与之结合，从而生成二氧化氮；二氧化氮进入有水缓慢流入的塔中，当它与水接触时就会被吸收，最终流入塔底成为硝酸。

其他种类的酸。——酸的种类相当繁多，下面会列举除了硫酸、盐酸和硝酸之外，比较重要的五种酸。

醋酸。——苹果汁放置一段时间之后会开始发酵，然后产生酒精，于是就变成了苹果酒。苹果汁放置的时间越长，发酵的程度就越高，酒精的含量就越高，"硬度"也就越高。如果放置的时间足够长，苹果汁就会变酸，最终变成醋。变酸的原因就是酒精转化成了醋酸。这一变化是由大量的醋酸菌导致的，醋酸菌是一种单细胞细菌，它们构成了"醋母"——通常会出现在醋罐底部。日常用途的醋酸的制作，是通过在封闭的曲颈瓶中加热木头，对木头进行分解蒸馏的方式，在第三章中已经有过详细介绍。

酒石酸。——葡萄中含有一种叫作酒石酸钾的酸性物质，它通常被称为酒石酸或者酒石。酵母和烘焙粉通常都被用于面包发酵，两者的目的都是为了释放面团中的二氧化碳，从而使面团膨胀起来。烘焙粉一般都是由酒石酸和碳酸氢钠制成的；酒石酸和面团中的水分结合后，会产生化学反应释放出二氧化碳。

石炭酸。——石炭酸的化学名称是苯酚（phenol），它是从煤焦油中提取的产物。要从煤焦油中分离出石炭酸，需要使煤焦油与苛性钠，也就是氢氧化钠进行化学反应，它会将煤焦油溶解。石炭酸最广为人知的用途就是消毒剂，它具有相当良好的消毒作用，因为它可以对腐烂变质的物质产生强效的攻击。实际上在第一次世界大战之前，美国使用的石炭酸都是从国外进口的，到1914年战争爆发，外界供应被切断了。也就是从那时起，爱迪生开始率先兴办工厂生产人造石炭酸，具体的制造过程将会在下一章中进行详细描述。

氯氟酸。——这是一种相当奇特的酸，它的构成元素也非常奇特。唯一已知不会与氧气进行化学结合的元素就是氟，但氟可以与氢结合，并生成氯氟酸。氯氟酸的奇特之处在于，它对玻璃具有强腐蚀性，可以溶解硅，玻璃中含有硅砂，因此，氯氟酸可以被用于玻璃瓶和其他玻璃制品上的图案蚀刻。但因为氯氟酸会腐蚀玻璃，所以，必须被保存在石蜡、橡胶或者铅制的瓶子里。氯氟酸与水混合后会产生毒性，如果你的手上不慎沾染到氯氟酸，哪怕只有一滴也会造成溃烂，所以，使用氯氟酸时一定要相当小心。

苦味酸。——在一战初期，苦味酸（化学名称是三硝基苯酚）极其稀缺。苦味酸是硝酸和石炭酸（苯酚）结合的产物。在和平年代，苦味酸被大量用于丝绸和羊毛制品染色，因为它可以使丝绸和羊毛材质呈现出鲜艳的黄色。而在战争年代，苦味酸则被用于制造爆炸物，它是立德炸药的原料。

第五章　传统金属和新型合金

火的使用让原始人类成为区别于类人猿的高智慧生物，而金属的使用则标志着人类又一次的进步和文明的发展。一开始人类只能够使用那些在自然中被发现的金属，如铜、金和银，铜是数量最多也是最适合被用来制作工具的金属，因此，它是最早被人类广泛使用的金属。当原始人类开始丢弃石器，转而使用铜器时，人类文明向前迈出了伟大的一步。

但是铜的质地太柔软，并不是最理想的制作工具的材料，直到人类找到了从氧化物中提取铁的方法，伟大的钢铁时代——自200年前开始，才真正来临。铜器时代，钢铁时代，基本上标志了人类在发展文明进程中的两个重要时期。

铜和矿石。——铜是一种在自然中被发现的金属，或者可以说是天然金属，这就意味着它以纯净的状态存在于世界上的各个地方，苏必略湖区是铜的主要产地。这一地区有一些非常古老的矿山，矿山下甚至还掩埋着一些石器，这些石器的使用者是早于印第安人的一个种族。铜主要存在于矿石之中，矿石是一种硫化铜和岩石的混合物，还含有少量的铅、银和金等金属。要把铜从矿石中分离出来，就需要把矿石碾碎进行冶炼。被提炼出来的纯净的铜呈淡红棕色，铜不会像铁一样生锈，它的表面很快就会覆盖上一层氧化物、硫化物或者碳酸盐，具体是什么覆盖物取决于与铜产生化学反应的元素。

硫化铜是这样形成的：取一根试管，装入硫并放在酒精灯或煤油灯上加热，直至沸腾。把一小块铜片放进试管，当铜片变成暗黑色时再将其取出，此时它已经不是铜了，当然也不是硫。事实上，铜和硫已经产生了化学反应，形成了一种新的物质，硫化铜。现在，如果你再把硫化铜加热到足够高的温度，使其中的铜融化，硫会被烧干，剩下的就是纯净的铜了。自然中的硫化铜就是这样产生的，人类也是以这种方式将铜还原出来。

从矿石中提取铜。——硫化铜和其他的铜矿石都是与岩石的混合物，所以，第一步就是要使其成为精矿，在过去的铜矿里，这一步骤都是手动的，甚至如今在一些小铜矿里还在采用这种原始方式，但普遍采用的做法是使用捣碎机。原矿被捣碎之后有两种方法可从中提取铜，一种是通过冶炼，另一种是通过过滤。

冶炼铜矿。——首先是把需要冶炼的铜矿石堆起来，或者放进烧窑里，然后再进行加热，或者用所谓的"烤"的方式。这一步可以使铜矿石中大量的硫酸和其他物质变成气体被蒸发出来。接着把处理过的矿石放进鼓风炉，或者反射炉里，加热到足够高的温度，使其烧成焦炭，这一步骤会产生冰铜，冰铜中含有粗铜和矿渣等其他杂质。铜可以很容易地从冰铜中被分离出来，因为矿渣是最轻的，它会漂浮在融化的铜上，分离出来的铜最后会被制成条状。这种冶炼方法被称为"还原法"。

湿法冶炼。——这一方法也被称为过滤法，它适用于含铜量非常少的矿石。首先需要把矿石堆起来，使铜在空气和水的作用下氧化，然后再用水冲洗矿石堆，洗去氧化物。此时，铜就会沉淀下来，将得到的铜收集起来，放进鼓风炉里熔化和炼制，然后将其烧制成铸块。

粗铜的炼制。——使用了上述两种冶炼方法之后，得到的铜中依然含有许多杂质，因此，这种铜被称为"粗铜"。为了尽可能多地去除掉粗铜中的杂质，需要将其放入反射炉中熔化，再喷入空气，使粗铜表面氧化。然后再用一根木棍放入熔化的铜中搅拌，把里面大量的杂质带到表面。然而要得到真正纯净的铜，还需要通过"电解法"来精炼，这是目前最常被用到的精炼法。我们将会在第十三章中"电化学法"的部分详细讲述电解法。

铜的一些用途。——铜是一种具有很强的延展性和可塑性的金属，而且还是导热和导电性仅次于银的绝佳导体。把铁加热后放进冷水中可以增强硬度，但这种操作会对铜带来相反的效果，会让它变得更柔软。

铜燃烧时会产生奇特的绿色火焰，所以，非常容易被辨认。要溶解铜，必须要用到硝酸。

铜的用途相当广泛，要把每一种都介绍清楚需要花一整章的篇幅，实际上在所有金属中，铜的使用范围仅次于铁。电气行业会使用大量的铜，比如，用于制造缠绕式发电机和发动机，电话线和电缆线，电灯和电车路线等。铜片也用于滴漏咖啡壶的制造。盖屋顶时也会用到铜，保护其他一些容易受到空气和水侵蚀的金属。在所有关于铜的有趣用途中，电铸和电镀这两种将会在"电化学"的章节中详细讲述。此外，铜还用于制造各种各样的合金，如下面这些：

铜合金。——当两种或以上的金属融化后混合在一起时，就会形成一种新的金属，新金属的特性与其组成金属的特性完全不同。黄铜的实用性和铜不相上下，它是一种由铜和锌组成的合金，两种金属的组成比例并不总是一样的，这取决于合金的具体用途，一般黄铜中铜的比例为60%~90%。青铜是由70%~90%的铜和1%~25%的锌，再加上1%~10%的锡组成的。"钟铜"就是一种青铜。

磷青铜是一种非常坚硬的，有弹力的，不容易被水影响的合金；它是由铜和一点点磷组成的。铜镍锌合金（德银）含有52%~60%的铜，18%~20%的镍和20%的锌；铜镍锌合金有很高的阻电性，因此，它经常被用在电气设备的电线中。炮铜是由90%的铜和10%的锡组成的。银币中含有10%的铜和90%的银。而镍币中含有75%的铜和25%的镍。金币中铜的含量为 8%~30%。

　　铁和钢。——如果世界上所有的金属都不复存在，但只要还有铁，人类的生活也能够照常运行。金、银和铂这些金属主要用于制造奢侈品，虽然它们也有其他的实际用途，但铁是最广泛用于建设目的的金属，从手表中微小的零件到摩天大楼的构架，都离不开铁。

　　和其他所有金属都不一样，几乎所有国家都在地表发现了铁的矿藏，所以，基本上都可以满足自给。一般只需要先开采矿石，将铁从中融化出来，经过冶炼就可以投入各个领域中使用了。铁和铜不一样，它并不是天然金属，只是处于金属状态时就是我们熟悉的铁，这也是铁的使用时间比较晚的原因。开采矿石从中提取出铁需要时间，也需要智慧。但是，当这一步成为现实时，人类对金属的使用有了更快的发展，各种金属产物也大量应运而生。

　　熔炼铁矿石。——这一步骤的目的是为了提取出铁矿石中含有的铁。首先需要一个由石头、砖或铁建造而成的鼓风炉，并在旁边堆上火泥。在鼓风炉顶部修一个通道，燃料、矿石和石灰可以由这个通道被倒进不同的层。鼓风炉下面有一个管道，叫作鼓风口，空气从这里向炉内吹入，因此得名鼓风炉。送入的空气使燃料在燃烧时持续升温，达到使铁融化的温度。在鼓风炉底部，鼓风口下面有一个洞是用来排出炉渣的，被称为出渣口，出渣口下方还有一个出铁口，熔化的铁就从这个口中流出。

　　在铁的熔炼过程中，石灰与石块和其他杂质产生了化学反应，形成

倾倒液态钢

展示了贝塞默炼钢工艺的一种操作方法，即不经锤打而轧制成型。

了一种像玻璃一样坚硬的炉渣。因为，熔化的铁比炉渣更重，所以，它会流到鼓风炉底部。在一些传统的老工厂里，熔化的铁会流入一个被沙层隔离开的主通道，然后再经由正确的角度引导流入小一些的通道中，这样得到的铁就是"生铁"。在更加现代化的工厂里，鼓风炉中会有一个装满熔化的铁的机械化铁水包，它会把熔化的铁接连倒进制铁模具中，这些模具会安装成前后相连的环状。

铁的种类。——铁是一种元素，所以，纯净的铁当然只有这一种。但是纯铁在工业中几乎不会被使用到，工业用铁一般都含有碳。这里所说的铁的种类，是按照铁中含碳量的多少来划分的，含碳比例不同的铁拥有完全不同的特性。主要有三种不同的铁，分别是铸铁（生铁），锻铁（熟铁）和钢。铸铁中含有 2%~5% 的碳，锻铁中含有 0.5%~1% 的碳，钢铁中有 1%~2% 的碳。

铸铁。——鼓风炉中熔炼出的铁硬度很高，无法被焊接或锻造。虽然，绝大多数金属冷却后都会收缩，但铁遇冷后却会膨胀，这一特性让铁成为非常实用的铸造材料，因为用它可以制作出精准鲜明的模型。可以通过缓慢冷却的"退火"方式使铸铁变柔软，使之达到适用于机器制造的程度。如果将熔化的铁倒入铁模具，它就会变得非常坚硬，冷淬的操作也可以达到此目的，所以，铸铁也被叫作冷淬铁。在钢被使用之前，铸铁一直以来都被用于制造犁头和防盗保险箱。

锻铁或展性铸铁。——当一股高温气流注入熔化的铸铁中时，它会烧尽其中绝大部分的碳，这样就产生出了锻铁。要去除铁中所有的炉渣，就需要在铁还处于红热状态时用夹板锤去捶打，然后再用带有凹槽的辊压机去滚动。这些步骤都完成之后，铁就会变得更柔软，就可以用于铸造和焊接了。

钢。——钢是由铸铁制成的，需要经过多道工序，但所有工序的目的都一样，都是为了烧掉铁中含有的碳，使之成为碳化铁，所以，钢中没有活性的碳。不同种类的钢中含有不同量的碳化铁，其含量取决于钢的用途。按照这样划分就有低碳钢、半硬钢和工具钢三种类型。

贝氏转炉法。——亨利·贝赛麦（Henry Bessemer）爵士是首创大量产钢的工程师。贝氏转炉法中用到了带有横轴的大型炉缸，也就是转炉，这样的转炉可以被倾斜，从而倒出金属。转炉顶部是开放的，有一根鼓风管连入转炉内部直达底部。把几吨熔化的铸铁倒入转炉，用鼓风管送入空气，空气中的氧气会使炉内温度升高，直至多余的碳被烧尽，剩余的碳与铁结合就形成了碳化铁。转炉炼钢的全过程只需要大约 20 分钟。

平炉炼钢法。——平炉炼钢法需要用到一个被燃气炉围住的浅的环形炉缸。炉缸中装满生铁、碎片钢和铁矿石，在送入空气后，用燃气火焰将其加热至融化状态。用平炉将铁转化成钢需要 24 小时，但用平炉法制造的钢比贝氏转炉法的产品质量好得多。

坩埚炼钢法。——如果需要外观一致，高品质的钢，如用于工具制造或特殊合金的钢材，就需要用到坩埚炼钢法。坩埚炼钢法需要把纯净的锻铁和钢放入一个大型石墨坩埚中，再加入一定数量的木炭。将坩埚加热至铁和钢都融化的状态，此时，其中多余的碳就会从木炭中分离出来。坩埚炼钢法无法量产钢，所以，它的成本很高。

电弧炉炼钢法。——这一炼钢方法可以取代坩埚炼钢法，电弧炉炼出的钢不仅品质更高，而且耗时更短，所以，成本不像坩埚炼钢法那么高。电弧炉有一个浅的环形炉缸，和平炉很像，但它并不是使燃气在喷入的空气中燃烧进行加热，而是利用两个碳电极之间产生的电弧来加热的。

新型钢合金。——钢与其他种类的金属混合产生出了许多相当实用的新型合金。比如，2%~4%的镍与钢可以组成一种非常坚硬，并且有弹性的合金，而且还不怕海水侵蚀。这种合金就是镍钢，它通常被用于海下电缆、轮船的螺旋轴和战舰的装甲板的制造。

钢与16%~20%的钨，0.5%~0.75%的碳，2.5%~5%的铬和0.25%~1.5%的钒结合，就会得到一种名为高速钢的合金。这种性能卓越的合金即使被加热到红热状态也不会发生改变，因此，它通常被用于制造各种需要高速运作的工具，这也是它得名高速钢的原因。

钒钢，全名为铬钒钢，拥有极强的可拉伸性，因为弹力很强，所以，即便被对折也不会断裂。因此，钒钢多被用于汽车架构和弹簧的制造。钒钢是由1%的铬和15%的钒与钢混合而成的。

目前，已知的最坚硬、最耐磨的金属，是名为锰钢的合金。锰钢含有7%~20%锰和1.5%的碳。因为具有极高的硬度，锰钢多被用于制造铁路转辙器和转向器、碎石机的钢颚，以及防盗保险箱等制品。

铝。——铝（aluminum）的名称来源于矾（alum），铝最早是从氯化铝和金属钠的化学反应中被提取出来的。黏土、板岩、云母和长石中铝的含量仅次于氧和硅，而地壳中铝的含量比其他元素都要多。铝的外观呈亮银白色，暴露在空气中也不会失去光泽，它的重量只有等体积铁的三分之一。

虽然铝的数量很多，几乎每条河岸边的黏土中都含有铝，但是纯铝是很难提取的，它并不是天然金属。1845 年，化学家德维尔（Deville）通过加热氯化铝和金属钾得到了铝，价格也非常高昂（1 磅 90 美元），一点点样本铝在当时都是非常珍稀的。

铝的稀缺一直持续到 1886 年，这一年，一位名叫查尔斯·W·霍尔（Charles W .Hall）的年轻人（22 岁）刚从俄亥俄州欧柏林大学毕业，他把两种物质放在一起熔化，一种是名为冰晶石的矿物质，它的熔点很低，导电性也非常弱，另一种是铝土，这是一种含有 50%~70% 氧化铝的矿石。查尔斯在冰晶石与铝土熔化后的溶液中通入电流，氧化铝被分解，于是就产生了铝。

铝的用途。——因为铝的重量很轻，外表美观，在空气中也不容易被腐蚀，所以，它是用来制造厨具的极好材料，尤其是露营用的厨具。铝还具有很强的导电性，因此，也被广泛用于高压电线电缆的制造。通过铝热法还能够用铝焊接和制造纯金属，除此之外还有许多其他用途。

　　铝热法。——在酒精灯或煤油灯上加热一根铝条，在被烧至红热状态之前，铝条上会出现一层白色粉末状的覆盖物，这就是氧化铝。然后，用镊子取一小片铝放进装有氧气的罐子里，用一根烧红的金属丝去接触它，铝片就会变成一道明亮的闪光然后消失，最后会剩下白色粉末状的氧化铝。当铝与氧气结合时，温度会升高到可以熔化任何的金属，铝的这一特性就是铝热法的基础。

　　铝热法用到的设备非常简单。先准备一个上大下小的，底部可以去除的圆锥形坩埚。在坩埚中放入氧化铁和铝粉混合制成的铝热剂，将一根镁条插入铝热剂顶部。当镁条被点燃后，铝会与氧化铁中的氧气结合，产生充足的热量使铁熔化，然后流到圆锥形坩埚的底部，最后流进模具里。铝热法不仅可以产生纯铁或纯钢，还能修复损坏的金属铸件。把其他金属的氧化物放入坩埚中，这些金属也会以同样的方式熔化。

第六章　好的气体和坏的气体

　　气体就像小男孩儿一样，有些非常好，而有些却很可怕。在第一章中，我们探讨过了氮气、氧气和氢气。这些都算是好的气体，因为它们都可以为人所用。然而，下面这3种气体，你就需要格外注意了：

　　氨气。——杂货店里可以买到的价格10美分的氨气装在一个无色的瓶子里，如果拔去瓶塞，你会闻到一股刺鼻的气味。瓶装氨气是只含有极少量氨气的水溶液，氨是一种可以溶解于水的气体。所以，这种瓶装氨气上都会贴着"aqua ammonia"的标签，意思就是氨水，aqua是拉丁语"水"的意思。药店里可以买到的氨浓度更高，因为氨水溶液中含有更高比例的氨，闻起来会让人有窒息感。这种被称为浓缩氨。

　　在很久以前氨气被称为"鹿角"，氨水则被称为"鹿角精"。因为，氨气最早是从鹿角中被提取出来的，所以，才会有这么一个奇怪而又真实的名字。氨这一名称来源于氨的一种复合物硇砂（sal ammoniac），最早被发现于朱庇特阿蒙神庙^[1]附近。

自然界中存在着大量的氨气，腐败的植物也会产生氨气，所以，我们呼吸的空气中也含有大量氨气，不过工业和日常使用的氨气是在煤气的制造过程中获得的，这需要将烟煤（生煤）放在密封的曲颈瓶中进行分解蒸馏。烟煤中含有氮和氢，当它被放在曲颈瓶中加热时，氮和氢就会结合形成氨气。虽然，这样得到的氨气是和照明气体混在一起的，不过可以将气体送入水中，当氨气溶于水中时就会被分离出来形成氨液。

你可以把瘦肉、动物的角和蹄，或者植物放进密封的玻璃曲颈瓶中，用酒精灯或煤油灯加热，只要闻到那股特殊的气味，就证明你制造出了氨气。在实验室中制造氨气，需要把几盎司的生石灰和一定数量的氯化氨一起放进研钵，将它们充分搅拌混合。然后，把混合物装入曲颈瓶中并加热，很快你就会闻到氨气的特殊气味从瓶中出来。

氨的特性。——氨是一种无色气体，它的重量是等体积空气的一半，600 单位量的氨可以在 70 华氏度的温度下溶于水中。在常温下氨不会在空气中燃烧，但它可以在氧气中燃烧，并呈现出淡绿黄色的火焰。哪怕只吸入少许氨气都会让你眼泪直流，如果你进入一个流入了氨气的房间里，有可能会窒息。氨可以中和任何一种酸，从而形成各种各样的盐。

举个例子，如果你要制作硇砂，可以向盐酸中缓慢倒入少许氨液；

---

[1]　朱庇特阿蒙神庙位于埃及，是一座供奉太阳神朱庇特阿蒙的庙宇，他是公羊头人身的形象。

然后用石蕊试纸来测试溶液的酸碱性，当试纸不再变红时就说明溶液已经变成中性。接着再把溶液装入瓷盘中加热直至蒸发，最后剩下的白色粉末就是硇砂。

氯气。——氯属于卤素，卤素还包括碘、溴和氟。这 4 种元素在很多方面都非常相似，它们都属于卤素，而卤素（halogen）一词来源于 hals，意思是盐，而氯大多都是从盐中获取的；事实上常见的盐，也就是氯酸钠，有 60% 都是由氯组成的。同时，加热二氧化锰、氯酸钠和硫酸，当它们产生化学反应时，就会形成硫酸锰、硫酸钠和水，氯就会被大量析出。

氯的一些特性。——你闻到氯气的气味，可能不确定它是不是一种"好"的气体，但如果你不凑巧吸入了氯气，你肯定不会认为它是好的气体，它会让你剧烈咳嗽，甚至会造成窒息。在过去氯一直被当作是一种有益的气体，然而，到第一次世界大战爆发的时期，人们开始了解它的危害。

两单位量的氯可以完美地融于一单位量的水中，如果把氯水溶液放在阳光下，就会变成盐酸和氧气。但是，氯非常喜欢氢，就像守财奴喜欢金子一样，它会从各种含氢植物中提取氢气，当这两种气体结合时就会形成盐酸。

用氯漂白。——氯最大的作用，就是它拥有消除某些物质颜色的能力，特别是棉布和纸，见效奇快。这是因为，除了打印机的墨水之外，基本上所有的有色物质中都含有氢，它可以与氯迅速结合。而打印机的墨水中不含有氢，所以，用氯除色对它来说是无效的。

氯可以与氢结合的这一特性，使氯可以去除大多数的有色物质，因此，它被大量用于棉布和纸张的漂白。家庭主妇漂白棉布的方式，是通过在肥皂水中将其煮沸，去除布上的油脂，然后把棉布放在干净的草上，当棉布中有色物质含有的氢与空气和露水中的氧气结合后，过一段时间就会变得相当白净了。这样一来，棉布不仅被漂白了，而且闻起来还非常清香。

上文中所说的家庭漂白方式速度比较慢，工业中的大量漂白会用到另外一种方式，不过两者的原理是相同的。首先，棉布会被放入含碱溶液中煮沸，从而去除油脂。接着放入漂白粉溶液中浸洗，然后再放进弱硫酸溶液中。在这一步酸和漂白粉会产生化学反应，释放出氯，氯与棉布中有色物质含有的氢气结合，形成了盐酸。很多时候氯会从水中吸收氢气，释放出的氧气又会破坏已经漂白的颜色。造纸厂会使用大量的氯来漂白用于制作布纹纸的碎屑，也会用来漂白用于制作报纸的木质纸浆。

氯消毒剂。——氯不仅是极佳的漂白剂，同样也是强效的消毒剂，两者的原理是一样的。换句话说，氯消毒的方式和漂白的方式一样，也是通过与氢气结合来实现的，这里的氢气来自废物垃圾，或者是其他含有细菌的物质。如果你想要用氯为房间消毒，只需要在水中加入漂白粉和酱油混合成溶液，放置在房间里就行了，很快它就会释放出氯气净化房间。

新型气体——氦气。——1869 年，著名的英国天文学家洛克耶（Lockyer）教授在用分光镜[1]观察太阳时，发现了一种在地球上未知的气体，他认为这种气体只存在于太阳上；他给这一气体命名为氦（helium），这个名称来源于赫利俄斯（helios），是古希腊神话中的太阳神。四分之一个世纪后，威廉·拉姆塞爵士发现了氩、氖、氪和氙这 4 种元素，我们在第一章中已经提到过，而最后他还发现了与洛克耶发现的太阳元素氦一样的气体。因为，两者完全相同，所以，拉姆塞也称之为氦。

氦气的发现过程是这样的：拉姆塞在稀释的硫酸中将钇铀矿（一种稀有的矿物质）煮沸，观察是否有气体被释放出来，如果有的话，哪一种是氮气，是否含有氩气。当他用分光镜检测这些气体时，却发现生成的气体并不是氮气，而是氦气。后来，他又用大量的矿物质来做实验，检测氦气是否真正存在，结果证明大部分矿物质中都含有少量氦气和其他一些气体。

美国储存的天然气中含有大量的氦气，根据专家最近提供的数据，这些氦气正在以每天 100.25 万平方英尺的速度从天然气井逃逸到空气中，这一数量可以满足四架大型飞艇每周的飞行。政府将来可能会考虑获取天然气的管理权，并为了保证将来的供应而封住天然气井，而这会让美

---

[1] 分光镜是一种用于分析物质和人的身体发散出的光谱的光学仪器，它是由德国物理学家基尔霍夫和本森发明的。

国垄断全球的主要能源供应。从天然气中获取氦气的方法是将天然气液化，而氦气将会以气体形态保留。

　　用于气球充气的氦气。——氦气和氢气一样，也是一种无色气体，它是目前已知的最轻的气体，重量仅为氢气的一半。和威廉·拉姆塞爵士发现的包括氩在内的其他存在于大气中的气体一样，氦气也属于惰性气体，它不会与其他元素进行化学结合。氦气不会燃烧，它是用于气球充气的最好气体。需要解决的最大的问题，就是在经济允许的成本下获得足够多的氦气，从而达到可实用性，美国海军已经攻克了这个难题。

　　全世界首个氦气球是一艘海军飞艇C-7。1921年12月5日，C-7充满氦气后在汉普敦路的美国海军机场起飞，飞向华盛顿然后返航。这是氦气的升举能力在航空史上真正的第一次运用，C-7起飞前也通过了所有必要的测试。这次飞行标志着飞艇技术的重大发展，因为，所使用的氦气不可燃也不会爆炸，而且，当C-7返回飞机棚时，虽然由于扩散作用氦气有少量的泄漏，但里面的氦气一点儿也没有流失。

　　氦气在气球和飞艇充气上的开创性应用，证明了比起高度易燃的氢气，氦气是更加安全的气体，将来纯氢气在这一领域的运用很有可能会被禁止，而开始推广使用含有四分之一氦气的不可燃气体。

　　一些坏的气体。——我们所说的坏的气体都是致命的气体，制造和使用这些气体的目的就是为了摧毁人的生命。毒气的制造最早起源于第一次世界大战时的德国，到战争结束，德国制造并使用了超过20种不同

氦气的竞争对手

Curranieum 是洛杉矶的 E·柯兰博士（E.Curran）发现的一种新型气体，和氦气一样也是不可燃气体。

种类的毒气。

第一种有毒气体是氯气，1915 年氯气首次在法国伊普尔被使用，德国人选择了对他们自己来说最安全，但对联军最致命的氯气作为武器。

德国人等到自己军队阵前的风消散，开始吹向法军阵营时，就开始在本军阵前释放出大量的氯气，而风又把这些致命毒气吹向法国军队。氯气是空气重量的 1.5 倍，气体在地面上翻滚着吹向前方，当到达法军阵营时，空气中已经充满了氯气。士兵们开始剧烈咳嗽，不久后就开始窒息。氯气极强的致命性造成了法国军队高达 80% 的死亡率。

在德军又一次试图使用氯气攻击时，联军已经做好了防御的准备，他们戴上了碱金属碳酸盐制成的防毒面罩，它可以抵御毒气的攻击。因为氯气难以控制，而且，德国人也已经发现联军有能够抵御毒气的防毒面罩，所以，他们改为使用另一种毒气——光气。

这种新型毒气是由氯气和一氧化碳结合而成的，它的使用方法并不是释放后依靠风力使其传播，而是被装入弹壳中，作为枪和迫击炮的弹药，这比释放氯气更为致命。但英国人已经从秘密情报中得知德国人将要使用光气。联军准备了用六亚甲基二异氢酸酯制成的防毒头盔，可以抵御光气的毒性。

后来，德国又使用了一种叫作苄基溴的毒气，通俗的名称是催泪瓦斯。这种毒气对人眼有着可怕的破坏作用，接触后会双眼流泪不止直至失明。德国又使用了二苯基氯，也就是喷嚏毒气，它会让人不停地打喷嚏，从而不得不脱下防毒面罩，于是接触者就会暴露在致命的毒气中。

虽然，德国人一直在尝试各种不同的毒气，但联军也总能想出抵御的对策。德国在美国使用了大量的三氯硝基甲烷，也就是氯化苦（苦味酸和氯的化合物）。氯化苦并不致命，只会让接触者呕吐，不得不脱下防毒面罩。脱下面罩后就会吸入氯化锡，然后窒息而死。氯化锡是由锡和氯结合而成的，它和氯化苦一起装在炮弹里，所以，两种气体会在同时被释放。至于德国人能否制造出可以抵御两种毒气的猛烈攻击的防毒面具，我们就不得而知了。

芥气是敌军使用过的让人最痛苦的毒气，尽管并不是最致命的，在一战的不同时期，有 50000 多枚装有芥气的炮弹在一夜之间被投向联军的战壕里。

这种气体是由氯气、酒精和硫组成的，这三种物质结合后会产生一种渗透力非常强，而且效果持久的气体。它闻起来并不怎么像芥末油，倒更像是大蒜，但它对眼睛造成的刺激比这两者加起来都大，说痛苦千倍都不为过。芥气会刺激人的眼睛，鼻子喉咙和肺部，使其灼烧并起水泡，强烈的疼痛感难以言喻。不过相对来说幸运的是，在被芥气袭击之后如果立刻救治，还是有较大可能康复的。

第七章　从火药到 TNT 炸药

　　我们总是倾向把火药和其他爆炸物同战争联系起来，其实它们在和平年代也有很多的用途。世界上最早发明火药的是中国人，他们在两千多年以前就开始用火药制作烟花，而且，现在依然还在使用这种技术制作烟花，和我们在国庆日时燃放的，给美国男孩子带来了巨大欢乐的烟花一样。

　　旅行家马可·波罗在 1200 年前游历过中国，见到了这种神秘的黑色物质的爆炸威力，这就是火药，他还了解了火药的制作方法。阿拉伯人也制造出过一些火药，他们把火药装在管中，绑上石头然后将其点燃，以此测试它的爆炸力。这就是在世界大战中造成毁灭性打击的巨型火枪的原型。

　　在阿拉伯人把火药用作战争武器的实验过去了五六百年后，又有一些旅行者把火药制作技术带到了意大利，又从意大利传到了德国。火药和火炮首次在战争中被使用，是在 1346 年的克雷西战役中，但他们并没有完全取代弓箭和弩枪（后者也被称作 arabesque），在这之后的很长一段时间里，火药是唯一被使用的炸药，直到 20 世纪硝化甘油被发明出来之后，人们才开始使用其他种类的爆炸物。

火药是如何制作的。——火药是硝酸钾、硫和木炭的有机混合物。将这 3 种物质研磨成粉末状，并充分混合，再加入充足的水，使混合物变成糊状，静置一段时间，当水分蒸发后，混合物就会变成黑色的硬块。最后再根据用途将黑色硬块碾碎成细颗粒或粗颗粒。如果适用于小口径的猎枪，火药粉末就必须很细，如果是用于大口径的枪，火药颗粒可以相对粗一些。要明白火药的爆炸原理，就需要先了解火药中每种物质成分的特点。

硝酸钾也被称为硝石，是由氮和氧化钾组成的。硝石主要分布在印度和其他一些热带国家，但数量很少。在过去硝酸钾的提取方法是过滤，把马厩里的垃圾和其他腐烂的植物混合着灰泥堆在一起，放置两三年后，这堆废弃物的每平方英尺都会产生出 5 盎司的硝酸钾。在 1812 年战争期间，硝酸钾在肯塔基州的马默斯洞穴里被制造出来，当时留下的一些植物和马车轮的痕迹，现在很有可能还在那里。

南美洲的智利拥有丰富的硝酸钠，人们也把它称为智利硝石，德国的斯塔斯福特拥有数量更多的氯化钾，于是，化学家就决定用这两种物质制造硝酸钾。他们把氯化钾和热的硝酸钠溶液混合，化学公式是这样的：

硝酸钠　氯化钾　硝酸钾　氯酸钠

在封闭的曲颈瓶中加热木头可以得到木炭。木炭是接近纯净的碳，它的表面有很多小孔。硫是人们最早知道的化学元素之一，虽然是徒劳，但是古代的炼金术士还是穷尽一切方法，想要把它炼成黄金。许多国家都发现了天然硫，西西里岛的火山地区产量尤其丰富。美国硫的主要产地是得克萨斯州和路易斯安那州，其他地区也有一定数量的矿藏。

火药是什么时候被点燃的？——火药的爆炸力是由燃烧物质释放出气体并大量蔓延而引起的。火药粉末一被点燃，硝酸钾就会释放出氧气，它会使碳和硫燃烧至白热状态，产生的巨大热量会让气体膨胀，直到它们被释放为止，此时的气体已经膨胀到最开始火药粉末中的气体体积的1500 倍，并为子弹射出枪管提供了动力。燃烧过的火药粉末有三分之一是固体状态，它们会变成射击之后留下的烟，也会有一小部分还留在枪管里。

这部分燃烧过的火药粉末会黏附在枪管内使其堵塞，所以，枪管需要经常清洁，否则，整个枪管里都会充满一层又硬又厚的火药粉末。因为，枪管内径和子弹外径的大小实际上是一样的，所以，当子弹被射出去时，枪管内堆积的火药粉会使子弹的射出速度变慢，而且，两者的摩擦也会让子弹外壳上的铅脱落在枪管里，导致里面的污垢更多。

除了会造成污垢，火药还有一个不容忽视的缺点，就是用于军事作战的大型枪支在使用时会散发出黑色浓烟，会成为容易被敌军观察到的目标。对不会产生污垢和烟雾的火药的需求，催生出了无烟火药。

无烟火药是怎样制作的？——除了爆炸力之外，无烟火药和传统火药是完全不同的两种火药。举个例子，传统火药中的制作原料只是被混合在一起，而无烟火药的成分是需要经过化学结合的。传统火药的爆炸是通过点燃来实现的，无烟火药则是通过震动。因为，无烟火药的成分都是化学性质极其不稳定的复合物，只需要震动就可以使其分解。事实上无烟火药有两种：一种是硝化棉火药，另一种是硝化甘油火药。

硝化棉火药是由硝酸纤维素（还有一个更普遍使用的名字——强棉药）制作的。强棉药的制作方法则是将纯净的棉花放入硝酸和硫酸的混合液体中，然后再洗去棉花无法吸收的多余酸液体。这两种酸会溶解掉棉花中除了纤维素之外的所有物质，纤维素是所有植物中都含有的主要物质，它会和强硝酸产生化学反应。有时，木质纸浆会被用来制造用于普通爆破的强棉药，它也是纸的生产原料。而用于军事目的的强棉药都需要用棉来制造。这两种类型的强棉药被制作出来后，都需要与丙酮或者酒精混合成像面团一样的一块。接下来需要把这一块块的混合物放入机器，使其变成棍棒状，再根据具体用途，将其切割成大小不等的颗粒。最后使颗粒完全干燥，去除里面的丙酮和酒精。

硝化甘油火药是由一半的强棉药和一半的硝化甘油（化学家也称其为硝化甘油基）制成的。甘油基与硝酸和硫酸混合后，就会产生硝化甘油。在制造步枪火药时，更多使用的是硝化纤维火药，而非硝化甘油火药，因为硝化甘油火药会释放出更多热量和酸，酸会侵蚀枪筒中的钢，使其留下凹陷。

无烟火药有两大优势，它不仅不会产生黑烟，而且在气体的推动下喷射出枪筒后也不会留下很多固体物质。然而，无烟火药比传统火药更危险，因为它更容易引爆，而无烟火药是通过燃烧来引爆的。

炸药和线状无烟火药。——炸药是由硝化甘油、火药与木屑、面粉或其他一些化学性质不活跃的物质混合而成的。使用化学性质不活跃的物质，是为了让爆炸物中的原子能够尽可能互相远离，从而阻止硝化甘油被引爆，所以，就不会过早爆炸，减少了危险。

线状无烟火药的发明者是瑞典的阿尔弗雷德·诺贝尔（Alfred Nobel），这一发明为他带来了巨额财富。线状无烟火药是无烟火药的一种，它是由强棉药和硝化甘油火药与一点凡士林混合而成的。首先，将这3种原料放入丙酮溶液中，丙酮是封闭的曲颈瓶中的木头被蒸馏后的产物。当这3种原料溶于丙酮中混合后，将形成的块状物卷成片状，再切割成不同尺寸。最后一步需要使丙酮干燥，最后会得到一种角质物，这就是线状无烟火药。

立德炸药、麦宁炸药和下濑火药。——还有一种高强度爆炸物是由苯酚，也就是由石炭酸制造而成的。苯酚与硝酸和硫酸混合加热后会形成一种黄色晶体，这就是三硝基甲酚，也被称为苦味酸。苦味酸具有很强的爆炸性，它在一战早期是非常稀缺的资源。苦味酸是英国人制造立德炸药的主要原料，法国人用它来制作麦宁炸药，日本人则用它来制作下濑火药，这几种类型的炸药本质上都是一样的。在和平年代，苦味酸一般被用于丝绸和羊毛的染色。

TNT炸药是如何制作的？——英国政府在实验中发现立德炸药的效力并不是完全可靠的，而三硝基甲苯，也就是TNT（三硝基甲苯单词中的第一、第四和第九个字母）虽然没有苦味酸的爆炸力强，但是爆炸精度更高。通过加热硝酸和甲苯，会得到一种类似苯或粗苯的淡红色物质。

TNT炸药爆炸时会形成水并释放出碳、氢和一氧化碳，因此，会形成黑色的浓烟。从多种用途来说，黑色浓烟并不是TNT炸药的缺点，比如，为水下鱼雷装载弹头，或者用作副起炸药。因为TNT炸药不会通过燃烧被引爆，必须要通过某种装置在特定时间引爆。

关于雷管及其作用。——某些物质在经过剧烈撞击后会立即爆炸，或者引起爆炸。雷酸汞是一种引爆物质，它是通过加热汞和硝酸，并在其溶液中加入酒精得到的一种稠密的白色粉末。雷酸汞粉末是一种非常不稳定的化合物，它被广泛用于震动引燃，可以引爆硝化甘油火药和无烟火药，可以点燃传统火药和TNT炸药等爆炸物。

雷酸汞干燥后形成的雷酸盐粉末与阿拉伯树胶或其他黏合物混合后，可以被制成雷管。在安置大规模炸药时，里面需要放置雷管，当引爆装置中的铁锤击中雷管时，撞针撞击雷酸汞后就会爆炸，雷酸汞爆炸后就会点燃或者引爆炸药。

还有其他一些新型的引爆物质，比如，一种叫作特屈儿的化合物，它是由三硝基苯甲硝胺制成的，有时会用它来替代雷酸汞。另外一种也经常被使用到的引爆物是叠氮酸，这种酸是目前已知的最危险的爆炸物，最微小的外界变化就会使其引爆。目前，被制造出的威力最强的爆炸物是四硝基苯胺，它也可以被用于引爆。

和平时代的爆炸物。——除了战争用途，在和平年代，爆炸物还有另外一种鲜为人知的用途。在过去，当一块需要用于耕种的土地上长满树木时，人们会把树砍倒让树桩自己腐烂，而这一过程需要多年的时间。后来有了专门拔树桩的工人，但无论对工人还是马来说，这依然是一个相当艰难、耗费精力的工作。

现在，清除耕地的树木有了新的方法，人们会通过硅藻土炸药和其他安全的爆炸物来去除树桩。在修路和建立地基的工程中，爆炸物也发挥了重要的作用。在农场上，爆炸物还被广泛用于炸坑植树，农民们还会用爆炸物分解土壤，使土壤接触空气，让肥料与其充分融合。

农业爆炸物的种类。——用于战争目的的爆炸物和和平年代使用的爆炸物的最大区别，就是后者的危险性更低，爆炸力也不强。两种用于农业生产的主要爆炸物，分别是爆破炸药和硅藻土炸药。爆破炸药就是火药，但是其原料纯度和制作精准度并不像制作步枪和军事火药那样。用于农业的爆破炸药是由大小不一的颗粒制成的，所以，燃烧速度也不一样，因此其爆炸力是可控的。

虽然爆破炸药的原料都是一样的，但是其颗粒大小不一样，有的可能像面粉一样细，有的可能像豆子一样大。如果你想要松解土壤或者爆破石块，通常需要使用被研磨得更细的炸药粉末，如果是用于去除树桩或者炸碎大块石头，就需要用到粗颗粒的炸药。

硅藻土炸药比爆破炸药的爆炸力更强，它是首个被广泛使用的高强度爆炸物，硅藻土炸药（dynamite）一直是希腊语，意思是能量。意大利化学家索布雷洛在1847年首次发现了硝化甘油，但是硝化甘油极度危险，所以，在当时并没有得到任何程度的利用，直到20年后，瑞典化学家阿尔弗雷德·诺贝尔将其油与硅藻土（一种沙土）混合后，降低了硝化甘油的危险性。此后，硅藻土炸药成为被广泛使用的爆炸剂，其发明者诺贝尔也收获了巨额财富。此后，人们也会用木屑、面粉、氧化镁、碳酸钠和其他各种化学性质稳定的物质，也就是所谓的"惰性物质"来代替硅藻土。通过调整硝化甘油与惰性物质的混合比例，可以得到不同强度的炸药。

制造硅藻土炸药需要用足量的惰性物质与硝化甘油混合，使其变得像油灰一样具有可塑性，然后将其压缩成直径为两英寸，长为八英寸的条状。用纸把每个条状混合物都包好，在外层裹上石蜡使其防水就可以了。它的爆炸力可以炸开几吨的煤或石块，也可以将树桩连根炸起。

引燃爆破炸药和硅藻土炸药。——在人们使用爆破技术的初期，矿工会在矿石上钻一个洞，往里面倒入火药，然后把火药粉末堆成一条细线一直延伸到远处，这就是爆破线，矿工们点燃爆破线后就会跑到远处躲起来。虽然，这种爆破方式不是非常危险，但还是不够安全，而且一次只能引爆一个炸药。

保险丝是对爆破线的升级，这是一种盘绕成卷状的黑色火药，它和爆竹的引线差不多。保险丝的一端放入装有火药粉末的洞中，另一端被用来引燃。保险丝的燃烧速度是每分钟两英尺，所以，使用者可以清楚地知道引爆炸药需要多长时间。使用瞬时保险丝可以同时引爆两个或两个以上的炸药，这种保险丝的燃烧速度是每秒钟 100 到 300 英尺。

雷管又是一种升级的引爆装置，保险丝底端插入雷管，雷管则被放置在火药筒里。当保险丝燃起的火花到达雷管时，就会剧烈爆炸，从而点燃所有的火药粉末产生更大的爆炸力。

现在引爆火药或者硅藻土炸药的新方法是利用电流。这种方式可以让炸药在预期的时刻爆炸，而且不同数量的炸药都可以同时被引爆。使用电流引爆炸药会用到电爆管或者雷管，将其接在绝缘电线的末端，电线连接到引爆器上。

电爆管和雷管很类似，区别在于电爆管的外壳是纸质的，而雷管的外壳是铜质的。在其外壳的一端会安装一个小型炸药，外壳里面放置了绝缘电线。绝缘电线的一端会连接一种名为桥接器的电线，当电流通过时，桥接器会被加热，从而引燃炸药。

　　引爆器是一个手动的小型发电机，很像机动车引擎中的磁发电机。里面有一个旋转的装置，叫作电枢，电枢上有一个小齿轮，还有一个带有小齿的直杆状的齿条，与小齿轮契合。当需要用电流引爆雷管时，只需要用力地快速推下引爆器上的手柄就可以了。

第八章　植物是如何生长的

　　除了水之外，我们最熟悉的另一种物质应该就是陆地了，这里所说的陆地是指地球表面的一层固体物质，是人类赖以生存的地方，了解它的形成原理和组成成分是非常有价值的。在世界形成之初，各种各样数量庞大的元素和复合物结合形成了一种被称为岩石的固体物质，岩石构成了地壳表面。

　　然后，大气和水的运动作用于岩石，再加上太阳的巨大热量和冰川期严寒的影响，在这几种外力作用的结合之下，历经了多个世纪的岩石会破碎分裂，有时会变成大石砾，有时会变成沙子。因此，就形成了多种类型的陆地，而且岩石形态的变化过程还会一直持续，直到世界的终结。

　　不同种类的陆地。——构成地壳表面的岩石种类繁多，因为岩石的不同部分都是由不同元素组成的。花岗岩是一种非常坚硬的岩石，它是由长石、云母和石英构成的。长石和云母则是由铝硅酸和一些碱性金属，如钾构成的，而石英其实就是氧化硅。沙是硅和氧的结合产物，沙石是沙凝结而成的，大理石和石灰石主要是由碳酸钙构成的。

这些种类的岩石都会受到空气和水及温度的影响，它们形成了不同类型的陆地，主要有岩石、沙和泥土3种类型。还有一种类型的陆地是泥土和沙的混合体，这类陆地的表层还混合有已经存在了无数个世纪的腐败的动植物，这是除了岩石之外，存在于陆地表层的另一种物质，也就是我们将会在本章中讨论的"土壤"，它是植物生命生长繁茂的基本条件。

土壤中有什么？——土壤中腐败的动植物被称为腐殖质，腐殖质是使土壤肥沃的原因，这样的土壤被称为沃土。腐殖质中不仅含有促进植物生长的主要物质，而且还能储存水分，将其供应给植物。

每种土壤中都含有许多不同的元素，但所有土壤中都含有植物生长必需的氮、磷、钾、硫、钙、镁和铁，还有来源于空气中的碳、氧、氢和水。这10种元素缺少任何一个，植物都无法生长。处女地是指未曾被用于种植植物的土地，含有上述的各种矿物质，如果用于农垦，几年后就能够产出大量的农作物。但经过一段时间后，土地中的一些元素，一般是氮、磷或者碳酸钾，就会逐渐耗尽，植物就失去了营养来源，生长状态就会变差，甚至无法再生长。这就是农民轮作农作物和使用肥料的原因。

空气对土壤的作用。——种植农作物时，土壤中必须要有足够的氮和其他元素，这是农作物必需的养分，这就是农民耕地和耙地的目的之一。通过耕地可以使土壤松解，让空气进入土壤中。氧气与土壤中的有机物接触，有机物会转化成可溶性氮化合物和磷酸化合物。与此同时，腐败物质产生的二氧化碳会与土壤中的水结合，可以促进土壤中矿物质的溶解。

水对土壤的作用。——气体、盐和酸无法直接成为植物的养分，这些元素或者化合物必须要溶于水才可以使植物生长。这样一来植物就可以从根部吸收这些养分，所有植物的茎叶都是由被称为"毛细管"的小管构成的，在"毛细管作用"下，液体养分就会通过这些小管被输送到植物中，这一过程很像油灯里的灯芯底端浸在油中，把油吸到灯芯顶端然后被点燃。植物和动物一样，体内有四分之三都是水，在生长过程中，土壤为植物提供足量的水，还有溶解于水中的养分。

土壤如何保持肥沃？——氮是植物生长的主要养料之一，当土壤中原本含有的氮消耗完后，就必须要更换新的土壤，否则农作物就无法生长。可操作的办法有很多，比如，轮作农作物、种植苜蓿或其他豆科农作物，以及使用肥料等。

轮作农作物。——在农业生产的早期，人们发现，如果在同一块土地上年复一年地耕种小麦，这块土地的产能就会越来越差，不过那时人们还不清楚原因。后来人们又发现，如果在同一块土地上交替耕种两种不同的农作物，这两种农作物都会长得更好，这一耕种方法被称为"两年轮作"。后来的实验证明，连续耕种 3 种不同的农作物会带来更好的收成，这就是"三年轮作"。最终人们发现，如果轮流种植小麦、芜菁、大麦和苜蓿，这 4 种农作物的收成都会非常好，这就是现在被广泛用于农业生产的"四年轮作"。

通过细菌固定氮含量。——采用轮作方法，是因为小麦和其他谷物都会从土壤中吸收氮，而苜蓿和豇豆等农作物会释放出氮。这些农作物和其他豆科植物产生氮的原理是这样的：它们的根部会长出块茎或结节，而这些结节含有细菌。细菌是一种极其微小的有机物，需要用高倍显微镜才能看见。这些细菌对植物是无害的，还能从空气中吸收氮气，并使其"固定"在土壤中，其实就是使氮与钠或者其他元素结合生成的可溶性硝酸盐。植物死亡后，氮依然留在土壤中，可以为下一次耕种的谷物提供养分。

天然肥料和人工肥料。——轮作农作物的方式可以有效地保持住土壤中的氮和植物生长所需的其他元素，但是，这样提供养分的量还不够大，不足以带来最好的收成。所以，农业生产中才会广泛使用肥料，这是一种包含了氮、磷和钾的物质。好的肥料应该含有上述 3 种物质，并且易溶于水，这样才能更好地被植物吸收。

肥料主要有两种，分别是天然肥料和人工肥料。天然肥料是动物和其他自然物质的产物，人工肥料则来源于工业生产。厩肥是最早被使用的天然肥料，它的含氮量非常高，所以非常具有价值。厩肥不仅是一种

在智利最大的工厂之一，大量的纯硝酸盐就像雪堆一样，已经准备好装袋。

好肥料，而且与土壤混合时，其中的有机物可以让土壤中的粒子分散，从而使空气轻松地进入土壤中。

另一种被广泛使用的天然肥料就是海鸟粪，这种肥料是生活在南美的秘鲁海岸的海鸟的粪便，与海鸟尸体及它们腹中食物的混合物。19 世纪初，这种肥料最先在英国被使用，20 多年后美国也开始使用。秘鲁的海鸟粪数量惊人，虽然已经被运走了 2000 万吨，但海岸边依然堆积着 30 英尺厚的海鸟粪。

旱地鱼，也被称为鱼渣，也被用作土壤肥料。每年都有大量的棘鬣鱼——也被称为鲱鱼——被用于制作鱼油。在过去，鱼油被挤压出来后鱼的尸体就会被丢掉，但后来人们发现鲱鱼中含有 10% 的氮。于是，一个新的产业就此兴起，当鲱鱼被用于制作鱼油后，剩下的残留物会被去除水分，制成一种名为"干鱼渣"的肥料。人们会将干鱼渣与硫酸结合，生成一种叫作"湿酸渣"的肥料。

人工肥料的种类就有很多了，针对每种不同条件的土壤，都可以找到适合的肥料来提高农作物产量。各种人工肥料中都含有大量的氮。硝酸钠也被称为智利硝石，是一种从智利引进的化合物，天然硝石中含有 2% 至 5% 的氮。

天然硝石经过提炼后会变成一种浅色的晶体，此时的含氮量就达到了 15%。硝酸钠极易溶于水，所以，很好被植物吸收，使用过硝酸钠后，原本只能长出一片的草叶可以变成两片，因此，它多被用于草坪施肥。

为了均匀散播，使用硝酸钠时需要将其与两倍量的土壤混合。

另一种被广泛使用的含氮肥料就是硫酸铵。制作煤气时，会让它流经硫酸溶液，使其中的氨气被分离出来；氨气溶于酸性的水中就会形成氨水，硫酸铵就是从氨水中提取出来的。硫酸铵是一种灰黄色的碱性物质，含氮量接近 20%。

在过去使用煤气灯的年代，人们认为硫酸铵只是一种衍生品，但是，当土壤成为农业化学领域中的重要研究对象后，硫酸铵因其极高的氮含量，成为一种重要的复合肥料进入人们的视野中。硫酸铵不仅被用作肥料，还是量产氨化合物的基础原料。

氰氨化钙简称为氨基氰，也被称为石灰氮，是近年来被广泛使用的一种含氮肥料。氨基氰的制作方式也是从空气中提取氮气。

10 年前的机动车上都安装有乙炔气照明设备。要制作乙炔气，需要向碳化钙中慢慢地滴入水。碳化钙是电弧炉中的产物，卡罗和弗兰克在 1895 年发现了这种化合物。碳化钙的制作方法将会在《电弧炉产品》这一章节中详细描述。在本章中你只需要知道，将从空气中获取的氮气气流吹向红热状态的碳化钙，两者就会产生化学反应，形成氰氨化钙和碳。

氰氨化钙含有一个碳化钙原子和两个氮原子，由此可见其氮含量是非常高的。上述方法生成的氰氨化钙中还含有其他许多物质，不能用于肥料，在与土壤混合之前，需要先去除掉这些物质。这些杂质包括碳化物、磷酸盐和硫化物，当土壤中的水和空气与这些杂质接触后，它们就会释放出不利于植物生长的气体。通过提炼的方法去除杂质后，氰氨化钙就可以作为肥料来使用了。但它含有的氮还不能像硝酸钠一样可以立即溶于水，这一过程会比较缓慢，氰氨化钙中的氮会先转化成易溶于水，可以被植物吸收的氨化合物。

磷酸盐肥料。——磷是所有化学元素中最奇怪的一种。古代的炼金术士知道磷的炼取方法，而且磷会在黑暗中闪光，由此得名"撒旦之子"。勃兰特（Brandt）在 1669 年首次发现了磷，而在此之前，一位意大利炼金术士普林斯·圣·塞韦罗（Prince San Severo）就已经用各种酸与人类头骨进行化学实验，把它们放在炉中燃烧，这些物质可以持续燃烧数月之久，而且重量也不会减轻，燃烧时会产生一种诡异的光芒。普林斯称其为"永明灯"，他把这项发明保密了很久，只用它为自己家的地下室照明。等骨头与硫酸产生反应时，就会被烧成初期状态的磷，这一现象如今已经被广为人知，但在当时普林斯是在做实验时偶然发现的。

虽然磷有剧毒，而且它的气体还会使人体产生严重溃疡，但是成年人体内都有接近两磅重的磷，这一重量的磷可以制造出几千根火柴。人体中还含有硫，不过其含量还不至于点燃火焰。磷是大脑的必需元素，吃鱼让大脑更聪明的说法就是因为鱼中含有大量的磷。

有些岩石中也有含磷化合物，破碎的岩石形成了陆地，其中的磷就进入了土壤中，并且溶于水中，然后被各种植物吸收，从而促进了小麦、玉米、燕麦等谷物的生长。你吃的面包、玉米蛋糕或者燕麦片中都含有磷，它对你的骨质和大脑的健康都有利。

和含氮肥料一样，含磷肥料对植物生长来说也是必不可少的。因为，岩石和骨头中都含有磷，所以，磷的制取来源主要是这两种物质。以岩石为原料制成的肥料被称为矿物磷肥，由骨头制成的则是动物磷肥。磷以磷酸钙的形式存在于矿物质中，骨头中也含有磷酸钙和其他化合物。磷酸钙是一种碱性物质，它不溶于水，在用于土壤施肥之前，需要将它与硫酸混合。矿物磷肥中的磷含量非常高，动物磷肥中也含有三分之二的磷。

回顾《传统金属和新型合金》这一章节你会发现，用贝氏转炉法制造钢时会产生炉渣。这些炉渣里就含有一种磷化合物，它与矿物磷肥和动物磷肥中的磷不同，是可以溶于水的，不需要以酸混合就可以用于土壤施肥。这就是"磷酸盐渣"，它也是一种肥料。

矿物磷肥和动物磷肥中的磷酸都需要很长时间才能溶于土壤中的水，所以，它们通常需要先与热硫酸混合，产生的化学反应会生成可溶磷酸和不溶于水的磷酸钙。这些物质不会从岩石或骨头中被去除，而会被研磨成很细的粉末。因为，磷酸极易溶于水，所以，它也被称作"过磷酸盐肥"。

钾肥。——制作钾肥的基础原料是一种钾化合物，这是一种银白色的神奇金属，它非常软，可以直接用刀切割，而且也很轻，可以漂浮在水面上。钾极易与氧气产生反应，所以，必须把钾放在石脑油或其他不含氧的油里，使其隔绝氧气。几乎所有的岩石中都含有钾化合物，当岩石破碎或被侵蚀后，其中含有的钾就会进入土壤中，成为植物的养料，我们则可以从中获取少量的碳酸钾。

金属钾和氧气结合就会形成碳酸钾，植物中不仅含有碳酸钾，而且还有草酸和酒石酸等酸性物质。要从植物中提取碳酸钾，需要燃烧木头产生的热量，空气中的二氧化碳与氧化钾结合就会生成碳酸钾，它会出现在木头燃烧后的灰烬里。

第九章　日常生活中的化学

　　说来也奇怪，大部分人对于每天的吃穿用度都知之甚少。就以我们常用的糖为例。人们一般只知道糖是甜的，它可以增加饮品和食物的甜味，在发生战争时糖的价格是每磅27美分，平时的价格则是每磅5到6.6美分，美国国内的糖主要来自古巴。但说到糖的生产过程和化学特性，大部分人都是一无所知，不仅是糖，人们对其他许多常见的物质也是一样陌生。本章内容将会让你对这些日常生活中重要的常见事物了解一二。

　　蔗糖（cane sugar）。——甜味物质有很多种，它们被统称为糖。我们用来加在茶和咖啡、麦片、蛋糕和其他的饮品及食物中增加甜味的，则是蔗糖，化学名称是sucrose。我们熟悉的蔗糖来自甘蔗，但化学意义上的蔗糖（sucrose）来源更加广泛，包括甜菜、高粱、枫树和蜂蜜等。在公元前几百年，人们就已经能够种植甘蔗，也能产出蜂蜜了，因为甘蔗的汁液和蜂蜜的味道非常相似，所以那时候，人们把甘蔗的汁液称为甘蔗蜜。蜜蜂是最早的产糖者，但是当蜂蜜与其他物质混合时，就不适合用于给食物增甜了，所以，那时的蜂蜜是供不应求的。

甘蔗最早产于印度，许多世纪以来，人们主要是通过提取甘蔗的汁液来用作糖。直到公元前六七百年，东印度人发现了一种通过煮沸甘蔗汁液制作糖浆的方法，这样制作出的糖浆可以被保存下来。后来，用甘蔗制作的糖制品成为交易商品，流通到了世界各国。但人们学会用甘蔗汁液制作固体糖，又是 1500 年后的事了。哥伦布在第二次航行时，把甘蔗从加纳利群岛带到了圣多明戈，圣多明戈的制糖厂又开到了古巴和西印度群岛，因为这两个地方的土壤比圣多明戈更适合种植甘蔗。不久后，甘蔗又传到了墨西哥和路易斯安那，在 17 世纪初，旧大陆的糖的供应几乎全都来自新大陆。

甘蔗可以长到 6 到 12 英尺高，它的杆比扫帚柄要稍粗一点。甘蔗每年收获两次，然后被运到制糖厂里碾碎，最后放进滚压机里压出里面的每一滴汁液。随后在得到的甘蔗汁液中加入一点石灰水，防止其变酸，因为石灰水可以让甘蔗汁液中的酸性物质沉到底部，并分离出其中的蛋白。然后，再通过二氧化碳沉淀的方法去除石灰，把甘蔗汁液放入压缩机中过滤，成固状的石灰就会被沉淀下来。

过滤后的甘蔗汁液再被倒入一个真空的平底锅中，锅中的空气已经被抽干，所以，汁液的沸点很低，沸腾时就不会燃烧。沸腾后，水分被

在甜菜糖厂

密歇根州磨坊里的一台大型离心机器，它能把糖粒状的物质从糖蜜中分离出来。

蒸发，只留下一层厚的果冻状物质，冷却后会形成棕色的结晶物体，这就是甘蔗糖浆，也被称为"母液"。棕色的糖浆会被放在离心分离机[1]中，彻底去除水分。

接下来的一步就是提炼糖，使糖浆变成我们日常使用的那种白色的糖。首先把棕色的糖浆溶于水中，然后用斜纹棉布过滤掉糖浆中粗糙的杂质，接着再用厚厚的一层骨炭过滤一遍，棕色就会消失，最后形成透明的糖溶液。

过滤后的溶液还要再放入真空平底锅中蒸发掉水分，完全浓缩后，再将其放入罐中不停搅动，直到变成白色的糖结晶。你可能已经发现，结晶糖的颗粒有大有小，这是搅动糖溶液的时长不同的结果。我们买到的食用糖都是纯白色的，但粗制的糖结晶都会带有一点淡黄色。将糖溶液与群青蓝颜料混合，群青会与溶液中的黄色元素结合，使其变白，这样可以得到纯白的糖结晶。这一化学反应过程和在洗棉布和亚麻布制品时加入靛蓝一样，靛蓝与其中的黄色元素结合，让亚麻布和棉布变白。

1747 年，德国化学家马格拉夫（Marggraf）发现甜菜中含有大量的蔗糖。他从白甜菜中提取出了 6% 的糖，从红甜菜中提取出了将近 5% 的糖。蔗糖的产生有了新的来源，这可以让旧大陆不再依赖新大陆的糖供应，但一直到马格拉夫从甜菜中提取糖的发现过去了 50 年后，甜菜糖才开始

---

[1] 一种去除羊毛纱线等物质中的水分的机械设备，操作方法是将需要去除水分的物质放在一个高速旋转的穿孔外壳上。

真正量产。彼时糖的需求量非常大，而且生产速度越快，市场需求就更大，所以，现在的蔗糖和甜菜糖的生产竞争的激烈程度不相上下。

1752 年，一个新英格兰殖民者最先从枫树枝叶中提取出糖。虽然，枫糖并不是像蔗糖和甜菜糖一样被普遍使用的甜味剂，但用蜂糖制成的糖果和糖浆味道都很好。每年春天枫树生长时，含有的树汁十分丰富，枫糖制造商就开始提取这些汁液用来制糖。

樟脑。——提起樟脑，大家可能不觉得它是我们生活中非常重要的东西。你可能只会在衣柜里放几颗樟脑丸防虫，或者把它放在水中稀释用来治头痛、感冒和流感。其实，樟脑被广泛用于制作赛璐珞（一种合成树脂）和其他一些工业用途。

我们都知道樟脑是一种树胶，实际上它是一种固态精油。很多植物中都含有樟脑，但量产的樟脑一般都只从月桂树中提取，月桂树是一种生长在日本、中国的树木。多年以来，整个远东地区的樟脑出口都是由日本政府控制的，随着樟脑制品需求的与日俱增，樟脑的价格也随之增长到了令人望而却步的程度。于是，化学家们开始尝试利用松节油和其他物质制作樟脑，也就是人造樟脑，具体的实验我们会在后面讲到。

天然樟脑胶是从樟脑树中提取的，将樟脑树砍倒后，把树干切割成碎片，将其与树根和树叶一起用水蒸馏。蒸馏就是通过加热的方式使液体或固体变成气体，然后再冷却使气体重新变成液体或固体状态。通过蒸馏方式提炼天然樟脑胶，里面的杂质就会因"升华"而被去除掉，升华就是固体不需要经过液态而直接变成气态的过程。

樟脑是碳、氢和氧的化合物。如果你在玻璃瓶中放入一些樟脑胶，它就会蒸发，并在玻璃屏壁上形成细密的闪亮结晶。将樟脑胶放在酒精中溶解，会得到樟脑精，在樟脑精中加入水，樟脑则会以细密粉末的形态沉淀下来。如果你试过把樟脑磨成粉末，就肯定知道这比较困难，但如果你加入几滴酒精就会变得很容易。

你可以尝试一个简单又神奇的实验：在盘中装入干净的水，在水中放入几块樟脑，然后将其点燃。樟脑块燃烧时产生的作用力会让它们以一种非常古怪的方式不停旋转。

赛璐珞。——在《从火药到 TNT 炸药》这一章节中已经介绍过硝化纤维，也就是硝酸纤维素，或者也可以通俗的称其为强棉药。当硝化纤维溶解在乙醚和酒精的混合溶液中时，会形成一种糖浆状的液体，这就是火棉胶。在过去使用湿板摄影法的年代，在把胶片进入银溶液中，使其感光成像之前，人们会在感光片上涂一层火棉胶。现在的摄影技术中依然会用到火棉胶，不过不是像过去那样将其覆盖在感光片上，而是将火棉胶倾倒在厚板上，使乙醚蒸发之后制成不易损坏的薄片，然后再在火棉胶片上加上感光的银色乳胶涂层。

当强棉药和樟脑胶产生化学反应后，会形成一种坚硬的、具有爆炸性的白色物质，这种爆炸物不是用于农业爆破，也不是用于军事枪械的，它是用来制作仿象牙制品的——使象牙的纹理更细致，甚至更美丽。赛璐珞具有爆炸性，与点燃的火柴或者其他火焰一接触就会燃烧起来。如果在有烟环境中使用赛璐珞产品会非常危险，后来，它被冠以新的名称pyralin用于销售，这一产品已经没有危险性了，它被用来制作最美观的盥洗用品，兼具富有美感的外观设计和精湛的制造工艺。

赛璐珞是一种相对较新的产品，近几年有许多赛璐珞制品相继问世，但其实早在将近60年前就已经发现这种物质了。赛璐珞的发现是一个非常有趣的故事。

1855年，英国人亚历山大·帕克斯（Alexander Parks）首次尝试制作赛璐珞。在实验中，他使溶解后的强棉药的硬度达到适合的程度，将其与包括樟脑在内的多种物质混合来制作复合塑料，为了使其定型，他还加入了蓖麻油。帕克斯将他得到的成品命名为parkesine，但这并不是成功的塑料制品，过冷或过热都会对其外形产生不可逆的影响。在经过10年的艰难尝试后，帕克斯最终还是放弃了。

还有一个叫作丹尼尔·斯皮尔（Daniel Spill）的年轻人也参与了帕克斯的实验，他认为自己能够做出耐用的、不受温度影响的塑料制品。最终他得到了一种被命名为xylonite的成品，这是parkesine的加强版本，但它也含有蓖麻油，所以，它有着和parkesine一样的缺陷。于是，英国人尝试制作出赛璐珞的实验就此终止了。

在19世纪60年代初期，排版是需要手动操作的，排版工人会在手指上涂上火棉胶，防止手指擦伤。火棉胶会形成一层弹性薄膜，如果你的手指切伤了，你可以买到一种叫作 New Skin 的东西来包裹伤口，这就是火棉胶。内战时期的一个排版工人约翰·韦斯利·怀特（John Wesley Hyatt）偶然发现了赛璐珞，他原本是想在手指上涂些火棉胶，但他发现瓶子翻倒了，里面的火棉胶都流走了，瓶子里没有留下液体或其他黏性物质，因为火棉胶中的乙醚蒸发了，只留下一片像象牙一样的固体物质。怀特还以为这是用来制作台球或者其他象牙制品的材料。

但是可惜了！当怀特试图将火棉胶定型时，却发现它冷却后不会延展，就像铁和其他金属一样，火棉胶遇冷后会收缩到和完全原来不同的形态。怀特又尝试了一次（如果我们知道当时的情形，他应该尝试了几百次），直到最后，他发现了将强棉药和樟脑成功结合的秘密，不需要将这两种物质溶于水中，而是将它们放在模具中一起加热，然后施加压力，当第三种物质——一种比象牙纹理更细致、更具弹性的物质产生时，实验就成功了，它就是赛璐珞。

橡胶。——橡胶是一种天然产品，但是和赛璐珞一样，橡胶的发现也是很曲折的过程。哥伦布在新大陆的第二次航行中记录了他看到海地的原住民玩橡胶球（当然，他没有用橡胶这个词，这个词语是后来才出现的）的经历。1685 年，旅行家胡安·德·托尔克马达（Juan de Tor-quemada）从墨西哥回到西班牙，描述了一种他在墨西哥见过的会产生汁液的树，当地人会用这种树液来制作鞋。关于橡胶最早的科学记录来源于拉·孔达米（La Con- damine），1736 年，他在亚马孙河的航行中得到了一些橡胶样本，回到法国后，他将样本送到了法兰西学术院。

拉·孔达米或者其他某个法国人将橡胶命名为"caoutchouc"。这个难念的老名字源于 caucho 一词，是巴西某种橡胶树的名字。再往更久以前回溯，caucho 源于 caa，在当地语言中是树的意思，o-chu 则是哭泣的意思。因此，在当地的语言中，caucho 的字面意思就是一棵流泪的树，就是指从树中流出的橡胶。

当时，英国最著名的化学家约瑟夫·普利斯特利首次将这一物质命名为"橡胶"。1770 年，普利斯特利得到了一些橡胶，他发现橡胶对他的唯一用途就是可以擦掉石墨铅笔的印记。在那个年代，橡胶是非常稀有的，普利斯特利说过橡胶"每半立方英寸就值三先令（75 美分）"。

1823 年，苏格兰格拉斯格的麦金托什（Mackintosh）建立了一个制作防水布的工厂，它的防水布就是在两层布之间加一层橡胶制成的，Mackintosh 一词现在就是防水胶布的意思。1825 年，人们又从巴西的帕拉进口橡胶鞋，但很快就被弃用，因为这种橡胶鞋在夏天会融化，在冬天又会裂缝。

让橡胶在各种天气情况下都耐用，是科学家们不断尝试各种实验的努力目标，但大多最终都是无用功。康涅狄格州的查尔斯·古德耶尔（Charles Goodyear）幸运地实现了这一目标。古德耶尔生于 1800 年，这一年天然橡胶首次被引进到美国。他 28 岁时开始进行有关橡胶的实验，经过了 10 年的努力后，他终于揭开了使橡胶具有弹性和耐用性的奥秘。

古德耶尔偶然发现，当橡胶与硫一起加热时会产生一种新的化合物，它比天然橡胶更坚韧、更具有弹性，当温度变化时，既不会变黏，也不会裂开。古德耶尔将天然橡胶与硫混合进行反应的过程称为橡胶的硫化过程。他后续的实验证明，通过控制硫的用量，与定量的天然橡胶在不同的温度下进行反应，可以制作出柔软程度与弹性程度不同的橡胶。

南美洲和非洲盛产橡胶树，在橡胶树上钻孔，流出的汁液就是天然橡胶，人们用杯子将天然橡胶收集起来。钻取橡胶树汁液的方式有很多种，最常用的就是螺旋沟槽式。使用这一方式时，需要在橡胶树干上刻出螺旋状的沟槽，汁液会从沟槽中流出，人们会在树干底部将其收集起来。汁液从橡胶树中流出时是像糖浆一样浓稠的白色液体，但当它与空气接触后，很快就会变黑并变成固体。天然橡胶是由碳和氢构成的，它也是一种碳氢化合物。通过与硫一起加热使橡胶硫化后，它就会产生出新的特性，化学式就变成了 $(C_{10}H_{16})_{10}S_2$。根据不同的用途，天然橡胶可以与特定量的硫混合，产生出可以用来制作图章、橡胶鞋或者假牙等各种产品的橡胶，有些成品可以直接用于出售，有些可以被放置在模具里待硫化。

第十章　纤维素和其他纤维

纺织材料

一般的布料和织物都是用纤维制成的，纤维是一种可以从动物或植物中提取的像头发丝一样细的物质。从植物中获取纤维的主要来源是棉和亚麻，动物纤维几乎都从羊或蚕身上取得。当然，现在也有人造的植物纤维和仿生的动物纤维。

棉和棉纤维。——虽然，人类最早的衣服并不是用棉制成的，但早在公元前1000多年，印度和埃及就已经在使用棉了，棉织物已经有非常久远的历史，棉纤维现在也是人们使用的最重要的纤维。不同种类的棉花都属于锦葵科棉花属植物。棉花的植株呈灌木状，叶子上有黑色的小点。棉花的花和蜀葵很像，因为它们是同类植物；棉花有不同的颜色，但通常都是白色或浅黄色的。棉花底部有紫色的小点，心形的苞叶 [1] 在底部将棉花围绕起来。棉花成熟后，花朵会凋零，变成圆形的多孔小球，这就是棉花的果实，被称作"棉铃"，棉铃里有棉籽，棉籽周围都是像发丝一样柔软的纤维。

棉纤维都是空心的，成熟前的棉籽里充满了活性细胞，也被称为原生质。当棉籽成熟后，里面的原生质会失去活性，棉纤维就开始衰败并变得弯曲，此时，棉铃会自动张开，露出里面的棉纤维，然后人们就可以去采摘棉花了。棉花的采摘通常从 8 月开始，一直持续到 12 月，或者在霜冻天气时结束。这个时候，种植园里所有的劳动力，无论老小，都会参与棉花的采摘工作。19 世纪初期以前，在采摘棉花时，需要先用手把棉籽从棉花中分离出来，这是一个相当费时费力的工作，一个人每天只能采摘一磅的棉花。于是，在 1793 年，艾利·惠特尼（Eli Whitney）发明了轧棉机，不仅提高了棉花采摘的效率，而且得到的棉花比用手采摘的更好。

因为，棉籽成熟后的棉纤维已经弯曲，用来纺线比较困难，但是用它制成的线却非常强韧。棉纤维是由纤维素构成的直径在 1/1200 英寸到 1/600 英寸。因为，棉花的植株比较柔软脆弱，所以，必须要在适合的土壤中种植，需要温暖潮湿的生长气候。美国南部就符合这样的自然条件，尤其是亚特兰大和墨西哥湾区，美国最好的棉花就产自这些地区。美国

[1]　花簇中被改良过的叶子。

南部主要产的两种棉花是海岛棉和埃及棉；海岛棉颜色洁白，埃及棉则是淡黄色。埃及棉多被用于制作棉质内衣裤和其他棉质衣物。

什么是纤维素。——纤维素是一种神奇的化合物，它的分子由 6 个碳原子、10 个氢原子和 5 个氧原子组成。如果你用刀把一截树枝或者一株小型植物的杆切成两段，放在显微镜下观察，就会看到它们都是由纤维构成的，这些纤维旁边还包裹着其他物质。如果进行更细致的观测，你会发现纤维由细胞组成，而这些细胞是由纤维素组成的。正是这些细胞使植物的根茎枝干具有了强度和硬度。

从物质特性上来看，不仅不同植物含有的纤维素不同，同一植物不同部分中的纤维素也不一样，但是所有纤维素都含有同样的化学成分。比如，谷物中的纤维素非常柔软，人体可以直接消化它；棉和亚麻中的纤维素也很柔软，而且很长，像头发丝一样；接骨木和软木植物中的纤维素短而轻，并且具有弹性；植物茎秆中的纤维素一般都较为柔软，而且有气孔，而树木中的纤维素通常更硬，并且会互相包裹在一起。纤维素的用途相当广泛。房屋建筑、家具制造、织布、捻绳、纺线都会用到纤维素，甚至在造纸过程中，压纸浆的力量都来自纤维素。

上述的这些用途已经广为人知了，不是什么新技术，但近年来纤维素也经常被用于制造硝酸盐、硫酸盐和苯酸盐，其方法是将纤维素与酸和其他几种化合物混合。当这些物质产生化学反应时，纤维素中的成分就会发生改变，但有些时候，纤维素只是被溶解而并非被分解。如果将与酸混合的纤维素再进行进一步反应，就会得到一种像液体胶水一样黏的化合物。

人造棉。——从木质纸浆中获取的纤维素比棉纤维素价格低很多，木浆纤维素进行加工后，可以用于纺线，这种线被称为木浆线。把用木浆制成的细纸条扭在一起，可以制作出更粗糙的线。这样的线一般被用于制造质感比较粗糙的织物，通常会用在墙壁或地板上。用木浆线与棉线、亚麻线和其他植物纤维一起编织而成的织物质感更好，而且价格便宜，适用于制作衣物。市面上的 lincella，textitose，xylolin，silvalin 都是人造棉织物。

丝光棉。——普通棉布经过特殊工艺处理后，会有一层丝绸般的光泽，这就是丝光棉。丝光棉因为约翰·莫瑟（John Mercer）而得名，约翰·莫瑟是兰开夏郡的一个印花棉布工人，他在 1844 年发现了丝光棉的制作方法。莫瑟把普通棉布放进高浓度的氢氧化钠溶液中，生成了一种叫作碱性纤维素的复合物。氢氧化钠中的苏打对棉布产生化学作用，使棉布缩小到了原始长度的四分之一。接着再把棉布拉扯回原状，棉布中的纤维就不再弯曲了，因此棉布就会变得很顺滑，看起来就有了一层丝绸般的光泽。然后再用水洗棉织物，其中的棉纤维就会变成水化纤维素，棉布会因此变得更厚，更强韧。

人造丝绸。——人造丝绸有不同的种类，但它们都是用棉的纤维素制成的。当棉纤维素变成一种稠密的液体，或者一种有黏性的化合物之后，将它从玻璃管中拉出来，就像蚕吐丝制成丝线一样。人造丝和蚕吐出的丝的区别在于，人造丝中的纤维素是植物化合物，蚕丝则属于动物产品。人造丝绸有几种特殊的制造方法，主要的种类有硝化纤维丝、铜氨丝和粘胶丝。

硝化纤维丝。——硝化纤维丝绸的制造方法是由希莱尔·沙尔多内特（Count Hilaire de Chardonnet）发明的，用硝酸把棉变成硝化纤维，也就是强棉药（参考第七章）。将强棉药溶于乙醚和酒精中，会得到火棉胶（参考第十三章）。把火棉胶放入管口像线或者灯丝一样细的玻璃管中，向管中注入空气，使乙醚和酒精蒸发，带有光泽的顺滑的丝线就会从管口出来，然后像蚕茧一样将线缠绕在卷轴上。这些新丝极其易燃，所以，需要使用硫酸铵溶液去除其中的硝酸盐，使硝化纤维变成一种看起来像蚕丝一样的物质。

铜氨丝。——铜氨丝也被称为保利丝，它的制造过程是这样的——将纤维素溶于铜氨溶液中，铜氨溶液就是氧化铜与氨的混合溶液；然后加入酸使其变成中性溶液，里面的纤维素会变成一种胶状物质沉淀下来。再把这种纤维素溶液放入管口细小的玻璃管中，把从管口中拉出的丝线放入稀释的硫酸溶液中，溶液中的酸会去除掉丝线中的铜，这样就得到了纯净的纤维素。

粘胶纤维丝。——粘胶纤维丝是一种用粘胶纤维法制成的人造丝绸，此方法是由克罗斯（Cross）和贝文（Bevan）发明的。将纤维素放入高浓度的氢氧化钠溶液中，纤维素会被丝光处理（已经在"丝光棉"的部分中讲述过），就得到了粘胶纤维溶液。被处理过后的纤维素再放入二氧化硫中，会得到一种黄褐色的物质，将其放入水中后，它会像海绵一样膨胀，然后就会完全溶于水中。再将得到的溶液加热，并加入一点酸，纤维素会形成大量大块的沉淀物，这就是粘胶纤维。

将粘胶纤维装入前文说过的管口细小的玻璃管中，不过不是将其从管中拉出放入酸性溶液中，而是将其置于温暖的气流中，用它自身的重量使其延展，变干后就形成了纤维丝。虽然，人造纤维丝可能比真丝更有光泽，也比棉布更容易染色，但是它有一个最大的缺陷，那就是变湿后就会失去韧性，即便再变干，也无法像之前一样强韧。粘胶纤维丝是一种较新的工艺，它的光泽度与强韧度都可以与真丝相媲美。粘胶纤维丝不可能像真正的蚕丝一样完美，最大的困难是它的制造过程。

亚麻纤维。——亚麻纤维用于编织的历史已经非常久了，关于它的记录可以追溯到史前时期，亚麻纤维应该是最早被用来织布的植物纤维。亚麻是一种相当古老的植物，在瑞士的一些人类居住遗址中就发现了亚麻的秆和种子，在意大利北部也发现过石器时代的亚麻织物。早在金字塔建成之前，埃及人就已经知道如何制作亚麻线了，而且，和我们现在使用的亚麻线品质无异，它被埃及人看成一种很神圣的东西。祭司在寺庙里只能穿亚麻长袍，人死去之后也需要用亚麻布仔细地裹起来，存放了 4000 多年的木乃伊就是用亚麻布包裹的。

亚麻纤维是从亚麻的树皮内部获取的，所以树根有多长，亚麻纤维就可以有多长。用一种梳齿弯曲的梳子去除亚麻，亚麻茎会变柔软，外面的一层皮就可以被剥落，这一过程被称为"沤麻"，可以通过将亚麻茎放在草地上使其腐烂，或者将其放入装有温水的木桶中的方法完成这一过程。沤麻之后需要"碎茎"，要将亚麻茎上腐烂的外皮从纤维中去除掉，再将纤维分堆梳理，把它们一排排平行堆放起来。

此时，还需要把亚麻纤维放在草地上使其脱色，然后把它放进碱液中煮沸，去除掉其中的有色物质，使其变得更白。经过了上述的清洁、梳理过程后，亚麻中的纤维被分离出来，在潮湿的空气里被纺织成线。在过去节奏还没有那么快的年代，亚麻布是通过浸湿、清洗，在草地上脱色、吸水、漂净等多道工序来漂白的，而且，这些步骤通常需要重复三四十次，整个过程下来需要几个月的时间。现在这些步骤都通过更加现代的手段来实现，但化学漂白的方式会大大削弱纤维的韧性。

羊和羊毛纤维。——人类最早的衣服来自动物的皮毛，在亚麻和棉布被广泛使用之前，原始人类就已经开始使用羊毛来制衣了。而且，史前人类养羊也远早于农耕。过去的羊都长着很长的毛发，如亚洲盘羊[1]和欧洲盘羊，[2]它们被认为是羊的祖先。事实上，毛发和羊毛是同一种东西，唯一的区别在于，毛发比较粗硬，而且是直的，而羊毛纤维上有很小的

---

[1] 亚洲盘羊是一种亚洲野生羊，体型矮胖且庞大，长有向外旋的很粗的角。

[2] 欧洲盘羊是一种生长在科西嘉岛和萨丁区的山区中的野生羊，体型大，而且有弯曲的角。驯养的羊被认为是从欧洲盘羊进化而来的。欧洲盘羊身上长满毛发而不是羊毛。

毛鳞，这些毛鳞层层叠叠，就像鱼的鳞片一样，但它们非常柔软，而且一般都是弯曲的。

如果是天然的野生羊，身上就会长满毛发，但靠近皮肤生长着更短的、柔软卷曲的毛发，这就是羊毛。原始人类把羊带回到自己的家中与其同住，让它们免受恶劣天气的困扰，羊身上的长毛发逐渐消失，开始长出轻软的短羊毛。随着文明的进一步发展，人类通过选种和繁殖，极大地提高了羊毛的质量，我们现在使用的就是经过改良的、又长又软又有光泽的好羊毛了。

用显微镜观察羊毛纤维，你会发现它和植物纤维很像，它是空心的，而且呈现一种很奇怪的卷曲状，所以，羊毛也是卷的。羊毛的卷曲是羊毛纺线时会利用到的一个重要特征，它使得 1 磅的羊毛可以纺出 100 英里长的毛线。和蛋白质一样，羊毛纤维主要是由氮组成的，但和蛋白质不同的是，羊毛纤维中含有硫。从羊身上剪下羊毛经清洗后，可以从中获取两种化合物，分别是脂汗和羊毛脂。脂汗可以溶于水，羊毛脂可以溶于汽油和乙醚。绵羊油吸收了羊自身的水分，是纯净的羊毛脂，就是羊毛脂去除掉所有杂质后的产物。绵羊油经常被用在药膏中。目前，还没有出现仿羊毛纤维，也还没有生产出任何人造羊毛质制品。

蚕和蚕丝纤维。——史前人类对丝绸一无所知，甚至在人类文明已经发展到一定阶段时，丝绸还是没有得到非常广泛的使用。丝绸起源于中国，已经有 4000 多年的历史。吐丝的蚕其实是一种叫作家蚕的飞蛾卵中孵化出的毛虫。这种毛虫体内有两个腺体，它的嘴有两个小口，叫作喷丝头。蚕体内的腺体会产生蚕丝，也被称为丝胶，蚕会将丝吐出来作茧。

一只蚕的生命历程是这样的：雌性飞蛾在白桑树上产下和大头针的针头差不多大的浅蓝色的卵，桑叶是蚕的天然食物。雌性飞蛾产下卵后很快就死去了，雄性飞蛾也活不了多久。从7月下旬一直到8月，直到桑树叶展开之前，飞蛾卵一直都是孵化中的状态。蚕从卵中孵化而出时，长得又白又肥，就像蛆一样。蚕长得非常快，完全长成时和毛虫差不多大。

美洲豹可以改变身上的斑点吗？当然不可能，但蚕可以在它只有几周时间的短暂一生中蜕4次皮。在几次蜕皮发生期间，蚕会非常饿，会吃掉大量的桑叶。在最后一次将要蜕皮之前，蚕会进入深度的睡眠。在完成第4次，也就是最后一次蜕皮之后，蚕就要开始做准备了：先做一个能够自我保护的薄壳，然后吐出蚕丝缠绕在身上。在缠绕蚕丝时，蚕的头部会转动，而身体后半部分保持不动。当蚕茧完全成型后，蚕就会变成蛹状，然后破茧而出，变成新生的飞蛾，又开始重复新的生命周期。

但是在工业养蚕中，蚕茧会被放进温水里，从而杀死飞蛾，只留下一部分让其破茧而出，目的是让它产新的蚕卵。将蚕茧浸入水中后，像胶一样的纤维会变柔软，就可以更容易地被缠绕成卷。蚕丝纤维卷绕起来之后，将每4到10根拧在一起，可以织成两根线，然后再将丝线编织在一起形成一根"生丝"。如果你仔细观察一根从蚕茧上剥落的蚕丝纤维，就会发现它是由蚕的喷丝口中喷出的两根蚕丝组合而成的，而且，它既光滑又强韧。和羊毛一样，蚕丝纤维也主要由氮构成，但和羊毛不同的是蚕丝中不含硫。每根蚕丝纤维的长度为 2500 到 3000 英尺，蚕可以吐出大量的蚕丝。

造　　纸

纤维素是造纸的主要原材料，所有的植物中都含有纤维素，因此，基本上所有植物都可以用于造纸。

亚麻布纸。——最好的纸是用亚麻布制造的，因为亚麻布中含有纯净的纤维素，亚麻纤维既柔软又强韧。亚麻布造纸的第一步，是清理掉亚麻布中的灰尘和其他残留物质。然后，将其放入加了漂白粉的热水中进行漂白，这一过程大概需要 12 小时。接着将漂白过的亚麻布放入纸浆机中，纸浆机的主体是一个安装了带有锋利刀片的圆环状圆缸，这些刀片被置于一个环形的水槽中。刀片会把亚麻布切割成碎片，碎片会在流水中被清洗 6 个多小时，最后会变成一种像奶油一样丝滑的纸浆。

此时的纸浆还带有一点颜色，需要加入足量的水让它变得像牛奶一样浓稠。接着过滤掉纸浆中的块状物，将其倒在一个缓慢移动的钢丝网带上，钢丝网下面是两个相距 15 英尺的圆缸，随着钢丝网的缓慢移动，

纸浆工厂

地上堆放的这些木头会被放进机器中，被磨成碎片用于造纸。

纸浆中的水会滴出来，纸浆就会变得更结实。纸浆最终会流到其中一个圆缸里，也被称为水印辊，上面会有一些平行的金属丝、各种字母或者一些特殊的设计，它们会被压入湿纸里，这就是你会在很多高品质的纸张上看到的水印。

经过了上述工序的纸还是湿的，需要将其放在滚轴之间，挤压出里面的水分；湿纸在热滚轴之间转动，变干之后就会堆在一起，像吸墨水纸一样。接着再把纸放入装有胶水和明矾溶液的大桶中，拿出来后再放到热滚轮之间进行矸光，也就是通过挤压使其变干，完成这一步后，就可以把纸一张张切割开了。

木浆纸。——你在看书的时候，可能很难想象，这样轻薄柔软的纸来自一棵树。松树、云杉、铁杉或其他软木树多被用于造纸，将树砍倒后，用机器将木材切割成片。把木头变成纸浆有多种方法，其中一种是将木材碎片放入高浓度的碳酸氢钠溶液中，在蒸汽压力下将其煮沸。木头中的纤维素和木质素会被分解，木质素没有什么作用，所以，会被溶解掉。这样得到的纸浆中含有几乎纯净的纤维素，重量是用来制造纸浆的木材的三分之一。需要通过彻底清洗来去除纸浆中的苏打，再使用漂白粉或者其他可以释放出氯的化合物或方法将其漂白。最后，使用和制造亚麻布纸类似的工序，把木浆制造成纸。

第十一章　颜料和植物

天然色素。——有些土色是经过加工的天然色素，它们要么是在自然状态下就可以使用的，要么是在使用前必须经过各种工艺处理的。铁锈，即铁氧化物，可以形成几种不同颜色的颜料。红赭石和黄赭石主要由氧化铁组成；当它和硫酸钙混合时，会变成印第安红，当它和硅酸铝，也就是高岭土，一种很细的黏土混合时，会变成威尼斯红。当黄色赭石被高度加热时，会变成丰富的棕色，被称为赭石。

未加工的棕土和烧焦的棕土也主要由氧化铁组成；未加工的棕土有一种橄榄棕色，这是由于其中含有硅和二氧化锰；当它被加热到高温时，其中的铁变成水合氧化铁，被称为烧焦的棕土，呈现红色。一种被称为绿土的亮绿色颜料由氧化铁和二氧化硅组成。这种颜料以前是从土壤中提取的，现在是由氧化铁、黄赭石和烧软木混合而成的。重晶石的方程式是 $BaSO_4$，是硫酸钡的通用名称，在自然界中以重晶石的形式存在，并经过硫酸处理以除去其中的铁。它是一种白色颜料，常用于掺杂白铅锌白。当它被称为永久性白色时，它也是用化学方法制备的。

植物中可以提取靛蓝、麻黄和红木等色素，但是所有这些色素现在都是通过合成煤焦油制成的，或者用更好的原料（见第十五章），而胭脂红是通过烘干雌性胭脂虫获得的，这种昆虫生活在中美洲的一种仙人掌上，也是从煤焦油中繁殖出来的。

化工颜料。——在化学颜料中，白铅是一种基本的铅化合物，它是由元素或化合物结合而成的颜料。白铅有几种不同的制作方法，主要是荷兰、法国和英国的制作方法。荷兰的工艺是最古老、最原始、最好的，但它的制作过程很慢。在这一过程中，铅被缠绕成螺旋状，放在陶器罐中，罐底放一些醋。将这些东西连同罐子放置在放有马粪的床上，马粪的分解会释放出二氧化碳，产生的热量会在铅上起作用。当铅的碱性碳酸盐，也就是白色的铅被释放时，就形成了铅的碱性醋酸盐。英国法是荷兰法的改良。法国的方法更为先进，因为二氧化碳是通过燃烧焦炭获得的。为了制作白铅涂料，要先用油研磨，然后用亚麻子油和松节油稀释，再用其他颜料着色。美国朱砂或红铅有不同的叫法，是由从空气中吸收氧气时温和加热氧化铅制成的，这使得它呈现出明亮的红色。它主要用于油漆铁器。

铅铬是一种非常持久的颜料，但它们一点儿也不便宜。铬酸铅存在于自然界中，当用铬酸盐溶液处理铅盐时，会产生一种亮黄色的沉淀物，这就是铬黄色颜料。另一种铅颜料是铬红，也叫美国朱红，这是一种基本的铬酸铅。还有两种铬绿，第一种是由铬酸铅制成的；第二种是氧化铬制成的，后者是一种美丽的翡翠绿，是永久性的。

由于锌白能够覆盖更多的表面，价格更便宜，而且在阳光下不会变黑，所以，近年来锌白被广泛用于代替铅白。然而，它并不持久。它是一种简单的氧化锌，通过在空气中燃烧锌或加热碱式碳酸锌制成，后者是在硫酸锌溶液中加入碳酸制成的。

普鲁士蓝，也就是亚铁氰化铁，是一种强效颜料，用亚铁氰化钾处理硫酸亚铁溶液，得到一种蓝白色沉淀后制成。接下来用氧化剂处理，就能得到深蓝色颜料。一种廉价的普鲁士蓝仿制品以"布伦瑞克蓝"的名义出售，它是用少量的普鲁士蓝和大量的重晶石混合制成的。

一种被称为"超海洋"的奇妙蓝色颜料曾经是由稀有矿物天青石制成的，天青石由钠、硅酸铝和硫黄化合物组成。由此得到的是一种非常昂贵的深蓝色颜料；1828 年，用碳酸钠、硫黄和木炭一起熔化制成了"超海洋"。这是有史以来第一个合成色素，它甚至比从天青石中提取的颜料更美丽。此外，现在还有许多不同颜色的深蓝色，从深蓝色到天蓝色，还有白色、红色、黄色、绿色和紫色。因此，"深蓝色"一词不再只代表海洋的蓝色。钴是一种红白相间的金属，几乎总是与镍结合在一起被发现。钴蓝是一种由氧化铝和氧化钴组成的化合物，是一种和深蓝色一样美丽的颜料。

一种与重晶石 (BaSO$_4$) 配方相同的颜料，即硫酸钡，也被命名为"永久白与白固色"(permanent white and blanc fixe)。它成吨制成，经常用于掺入白色铅和白色锌，也用于制造立德粉。后一种颜料也以石灰石、白油等商标出售，它是将硫化钡和硫酸锌混合在一起，然后加热至红色，当产生雪白色颜料时，在水中突然冷却混合物制成的。立德粉制成涂料后比白铅覆盖的表面更多，但不耐久，暴露在阳光下会变色。

黑色颜料通常耐磨性好，因为它们主要由碳构成。被称为灯黑的颜料是通过收集燃烧油的烟灰而得到的。这是一种精细分割的碳，放在火焰中时会沉积在冷的表面上。由于油是由碳和氢构成的，所以，它们被称为碳氢化合物。骨黑是由烧焦的骨头制成的，即在没有足够空气的情况下加热，使骨头烧焦。这个过程与用木头制造木炭和用煤炭制造焦炭的过程相同。这种颜料被称为象牙黑，是最优质的骨黑。

色淀是如何形成的。——东印度有一种叫卡特里亚（Carteria lacca）的鳞片昆虫，它身上有一种美丽的深红色。法语中 lacca 的意思是 laque，由此我们得到了 lac 这个词，它的意思是树胶，还有 lake，它的意思是色素。在涂料化学中，当一种颜色是由植物、动物或煤焦油的颜色与金属氧化物混合而成时，就形成了一种色淀。通常用于这一目的的金属氧化物是锡和铝，当一种有机颜色与其中一种或另一种结合时，就会沉淀下来，形成一种新的颜料，称为色淀。因此，当靛蓝与氧化铝结合时，形成一种蓝色的色淀；当原木与氧化铝结合时，形成一种紫色的色淀；当姜黄与氧化铝结合时，形成橘红色色淀；当胭脂虫和氧化铝结合时，形成美丽的胭脂红色淀。

什么是赋形剂。——用来将颜料混合在一起的液体叫作赋形剂。艺术家用的罂粟油是一种非常精细和昂贵的油。普通的绘画用的颜料会与亚麻籽油混合，这是将亚麻植物的种子磨成粉，然后压榨得来的。如果在低温下压榨亚麻籽，油的颜色会很浅，但是，如果是在加热状态下压榨，可以提取出更多的油，但颜色会更深；无论哪种情况，它都被称为未加工的亚麻籽油。当用亚麻籽油来混合颜料时，颜料会慢慢干燥，并在表面形成一层固体薄膜，这层薄膜具有足够的弹性，可以在它所覆盖的表面上拉伸和收缩。煮熟的亚麻籽油中溶解了红铅或二氧化锰。因为，这些化合物能使油更快地吸收空气中的氧气，所以，煮过的油使油漆比原油干得更快。

干燥剂及其使用方法。——为了进一步加快油漆干燥的过程，要将干燥剂与油漆混合在一起。如上所述，煮沸的亚麻籽油含有红铅或二氧化锰，将其加热至形成糖浆状液体，然后用轻油[1]或松节油将其稀释。将树脂与各种金属的氧化物熔化，再用轻油或松节油将混合物稀释，就能制成松鸦干燥剂。

颜料与油混合后必须稀释，然后才能用刷子涂在表面。松节油通常

[1]　正如拼写所示，带有字母 i 的轻油和带有字母 e 的苯是有区别的。以前，用于清洁的轻油是苯甲酸，是一种从苯甲酸中提取的挥发油。而轻油是通过石油的分馏得到的，首先是汽油，然后是轻油，最后是煤油。

用于这一目的，它是从破坏性蒸馏松树木材或者从它们中获得的沥青而获得的。清漆有时与油漆混合，使其在干燥时变得有光泽，但它们更常用作油漆的保护性覆盖物，形成一层坚硬、透明和有光泽的涂层。好的清漆不会受到水的影响或者灰尘刮伤的影响；另外，劣质的清漆通常会掺入树脂，当油漆潮湿时就会产生斑点，当油漆刮伤时就会变成白色的粉末。

关于预拌颜料。——当一个专业画家自己调制颜料时，他会买白铅粉、干燥的颜料和散装的亚麻籽油，然后将它们混合，直到得到他想要的颜色、色彩或色度。也有很多人想自己画画，但是他们没有足够的技巧来混合颜料，以达到他们心目中的配色效果，因此，结果往往与他们天真的期待相去甚远。为了满足这种"长期的需求"，市场上出现了现成的混合颜料，这对业余画家来说是一个福音。

预拌颜料的主要问题在于，首先，白铅和其他颜料会落到罐子或其他容器的底部，再多次的搅拌也无法使它们恢复原状；其次，涂料几乎总是掺假到无用的地步；最后，人们发现，如果在混合漆中加入一种硅酸钠溶液，也就是通常所说的水玻璃溶液，就会使其乳化，即使颜料颗粒在漆中均匀分布。然而，水玻璃使它们具有了轻微的毒性，因此，人们试用了其他乳化剂。

这些方法中有仍在使用的橡胶溶液，但一个简单的方法是将少量的水与它们混合，使颜料颗粒保持悬浮状态，这种方法被广泛使用。在混

合涂料中使用掺假物的趋势一直在减少，因为更好的涂料制造商正在与

这种做法做斗争，一些州制定了法律，对可能出售的涂料的质量进行

管理。

第十二章　日光中的化学

地球上存在的或者曾经存在的所有生命，都离不开蕴含在日光中的不可见的能量。太阳的重要作用是众所周知的，它的光和热不仅为植物的生长提供了可能，也是地球上所有动物生命的基础，当然也包括人类。

当种子被种下后，除了适宜的土壤，还需要三个基本的生长条件，那就是水、氧气和热量。缺少任何一种条件，这颗种子就无法成长起来。比如，如果有足够的水和热量，但缺乏氧气，种子就不会发芽，所以，就不能把它种得太深，否则它就无法接触到充足的氧气。同样，如果有了氧气和热量，但是缺乏水分，种子也不会发芽，这也是一条非常智慧的自然法则。

如果种子有适量的水分和氧气，但没有得到充足的热量，同样也不会发芽，因此，必须通过阳光直接或间接地提供热量。通过燃烧木材、煤或汽油等燃料，或是通过电流得到的人造热量，和直接来源于太阳的热量是一样的，因为木材就是取自植物，煤也是由几百万年的植物形成的，而汽油则是由古老的动物遗体形成的。

如果热量是由电流产生的，而电流又是由锅炉中燃烧的煤或者由水落到涡轮上产生的，这就是一个特制的水轮机。燃烧燃料产生能量都得益于日光的作用，通过流动的水产生的能量，也是太阳的作用；其中的原理是水从湖泊和海洋中蒸发，水汽上升之后，冷凝结成水滴，落在土地上，流入河流中，从而驱动水车。

植物的实验室。——植物呈现出绿色是因为含有叶绿素。叶绿素是一种由碳、氢、氧、镁等元素在阳光的作用下形成的化合物。叶绿素有两个重要的功能：第一个功能就是让植物呈现绿色——如果没有叶绿素，植物就会像不含叶绿素的蘑菇和各种菌类一样是白色的；第二个功能是通过叶绿素和日光进行光合作用，从空气中吸收的二氧化碳和水蒸气会转变成植物组织和其他复合物，使植物释放出氧气。

太阳是如何对叶绿素产生作用的。——要弄明白太阳对植物细胞中的叶绿素产生的作用，你可以做一个实验，把一株刚发芽的新生植物放到接触不到阳光的地方，虽然土壤会提供养分，使其持续生长，但植物会呈现出病态的白色。植物细胞中的碳和氢结合产生碳水化合物的过程是这样的：植物叶片的背面都会有一些小孔，也就是气孔。气孔就是植物的呼吸口，就像人需要通过鼻孔呼吸一样，植物也要通过气孔24小时不停呼吸。

这些气孔又与植物中的导管相连，导管则通向植物细胞。植物吸入空气，从空气中吸收二氧化碳，与动物正好相反，动物呼出二氧化碳，而植物呼出的是氧气。来自空气的二氧化碳中含有的碳正是植物需要获取的元素。吸入的二氧化碳到达植物细胞后，会与植物从土壤中吸收的水分相结合生成碳酸。

叶绿素在阳乐的作用下会分解掉碳酸，生成甲醛和氧气。植物就是在此时释放出氧气的。甲醛有一种令人窒息的气味，它会转化成葡萄糖。葡萄中也含有葡萄糖，它的甜度只有蔗糖的五分之一。葡萄糖会被输送到植物的各个部分，一个水原子与两个葡萄糖原子会结合生成纤维素或淀粉，淀粉是一种非常类似糖和酒精的物质。葡萄糖还会生成其他植物生长需要的化合物。

阳光的碳固定反应。——阳光是太阳散发出的一种电磁反应产生的波形光线。阳光对于植物必不可少，植物细胞需要从二氧化碳中吸收碳，或者使碳固定。太阳光波的能量不仅可以使叶绿素从碳酸中得到氧气，还可以帮助葡萄糖生成淀粉和纤维素。

阳光是植物生长的必需条件，但人造光，也就是和阳光一样呈白色的电弧光也可以发挥同样的作用，但你需要知道的是，电弧光也是太阳能量的一种间接产物。

阳光对动物的作用。——前文已经讲述过，植物的生长离不开太阳的光和热，动物也一样，包括人类，也都像植物一样必须依靠太阳才能生存。食草动物以植物为食，它们对阳光的依赖和植物一样，只是不那么直接。食肉动物则以食草动物为食，所以同样，如果没有阳光，它们也无法存活。人类兼具食肉和食草的特性，但奇怪的是，当人类文明有了一定程度的进化后，再吃食肉动物会让人容易反胃。

光对化学制品的作用。——虽然，阳光对植物和动物都拥有神奇的作用，但是这些作用不容易显现出来；不过阳光对一些化合物可以产生惊人的作用，因为这不涉及有生命物质的范畴，所以，我们可以通过一些既有趣又有益的实验来观察。

光对银化合物的作用。——光不仅有构建植物和动物组织的能力，而且还能够分解某些化合物。能够与光最快产生反应的就是含银的化合物，其中最重要的就是硝酸银、氯化银、碘化银和溴化银，这些化合物都会被用在摄影技术中。

硝酸银是通过在硝酸水溶液中溶解银制成的。当溶液蒸发后，就会产生硝酸银结晶。将硝酸银结晶溶于水中制成溶液，把溶液放在避光的瓶中保存，这样就不会受到光的影响。但如果把一张纸放入硝酸银溶液中，或者使其接触其他有机物的表面，或暴露在光线中，硝酸银就会立刻变黑。由于具有和光能够迅速反应的特性，硝酸银多被用于染发和文身，但它最主要的用途还是摄影胶片感光。

硝酸银溶液装在避光的瓶中不会受到光的影响，但一碰到纸或火棉胶就会感光变黑，这是因为一接触到有机物，光就会作用于硝酸银。有机物是指由有生命的，或者曾经有生命的物质组成的物质或复合物。火棉胶是由强棉药制成的，而强棉药来源于植物纤维。

将氯化钠，也就是食盐溶于水中，再加入一些硝酸银就形成了氯化银溶液。这是一个复分解的反应过程：

氯化钠　硝酸银　硝酸钠　氯化银

氯化银会呈白色凝乳状沉积下来。如果你把一张纸上涂满氯化银溶液，然后暴露在光线中，它会呈现出紫色，然后变成棕色。变色的原因是光把氯化银分解成了银和氯，它们是氯化银的两种组成元素：

氯化银　光　银　氯

氯被纸或者明胶涂层吸收后，就只剩下纯净的银，呈现出棕色。

碘化银和溴化银的制作方式与氯化银相同，也会与光产生反应，而且对光更加敏感，因此，它们多被用于快速成像胶片和相纸。

如何用光制作出照片。——银版摄影法。银版摄影法是一种很老的摄影技术，它是由法国的 M·达盖尔发明的，为此，达盖尔每年都会得到法国政府支付的 6000 法郎（1200 美元）的奖励。银版摄影法需要用到一块银板，或者镀了一层银的铜板，使其接触碘蒸汽，直到形成碘化银。这一过程必须在只有一点微弱的黄光或红光[1]的昏暗房间里进行。

将经过碘化处理后的银板放置在暗盒里，然后迅速将其放入照相机的暗箱中进行摄影。被拍摄者摆好姿势等待拍照，照相机聚好焦，移开

---

[1] 红光和黄光对银溶液产生的效应比白光弱很多。

镜头盖，此时银板就暴露在空气中了。被拍摄者或物体上的光反射到照相机中的银版上，会使不同浓度的碘化银分解出不同比例的银和碘，这取决于被拍摄者和物体的颜色和光影。

如果被拍摄者穿的是白色衣服，那么光线就会被衣服反射到银版上，但如果穿的是黑色衣服，光线就会被吸收，无法与银版接触。所以，被拍摄者和物体的不同颜色与光影反射出的光线多少也是不同的。当银版曝光之后，需要把照片再次放入暗盒，拿到暗房里，去掉银版。这个时候肉眼虽然无法看到光线对感光银版产生的作用，但银版上的碘化银的确被分解了。

然后将银版与汞蒸汽接触，汞与银结合会产生一种汞合金。[1] 最后，成像的照片会显现出完美的光影效果，要将这种效果保留下来，也就是使照片能够保存得尽量持久，就要用硫代硫酸钠溶液来冲洗银版，洗掉上面没有被光分解的碘化银。最后把由氯化金和硫代硫酸钠混合成的亮光漆倒在银版上，再稍微加热，就可以得到一张图像持久的照片了。

传统的湿版摄影法。——银版摄影法一次只能洗一张照片，所以，那时人们也在致力于寻找能够洗大量照片的方法。1831 年，英国的福克斯·塔尔博特（Fox Talbot）发现了一种可以用底片冲洗出多张照片的方法。但是，底片上的颗粒总是会显现在照片上，所以，约翰·赫歇尔（John Herschel）爵士就想出了一种用玻璃来处理底片的方法。

---

[1]　一种由汞和其他金属组成的合金。

传统的湿版摄影法需要在火棉胶中加入碘化铵生成碘化火棉胶，将碘化火棉胶倒在一块干净的玻璃板上，当其中的乙醚蒸发后就会变成一块薄薄的透明胶片。接着再把这块玻璃板放入硝酸银洗液中。把被硝酸银浸湿的胶片放到相机的暗箱中，拍照时，被拍摄者反射的光会使胶片曝光。然后把胶片拿到暗房里使其显影，就是把胶片放在一个托盘里，并涂上硫酸铁溶液，让它与胶片中的银产生化学反应，使图像显现出来，不过产生的图像是倒过来的。当图像完全显影之后，需要用水冲洗胶片。接下来的一步就是定影，使光无法再与碘化银产生进一步的反应。定影时，需要把胶片放入硫代硫酸钠溶液中，也就是定影剂中，它会溶解胶片中没有与光产生反应的碘化银。把底片（现在也被称为负片）放入水中清洗然后晾干，最后刷上一层琥珀上光油防止照片被刮擦。

底片上的光影部分是相反的，所以它会被冲洗，或者说被印成照片。把普通的纸放入氯化钠溶液[1]中，使每个孔中都充满氯化钠，然后再覆盖上一层硝酸银溶液，就变成了感光纸。把底片和胶片一起放在覆片机上，胶片朝上；把锡箔纸和胶片一起放在底片上，胶片朝下，覆片机安装好后，阳光会通过底片直射在锡箔纸上。

冲洗出的照片如果太暗的话，就会被放入氯化金和碳酸氢钠混合的溶液中，也就是调色剂中进行处理。调色的目的是让照片的色彩更丰富。接着再把照片放进定影液中，溶解掉没有被阳光分解的氯化银，然后再

---

[1] 后来的技术是在表面覆盖一层蛋白，这会使纸张看起来更光滑。

用流水冲洗掉残留的定影液，最后把它晾干裱好。

现在的干版摄影法。——摄影技术的下一个重大发展阶段，就是干版摄影替代了湿版摄影。1851 年，英国的斯科特·阿尔彻（Scott Alcher）首次制作出了用于摄影的"干板"，她在胶片上涂上一层火棉胶，放入银溶液中，然后将其晾干，但是这一过程非常慢，而且效果并不总是令人满意。1871 年，英国的马多克斯（Maddox）发明了明胶乳液法，[1] 他把硝酸银和明胶放在一起缓慢加热，得到了一种乳液，把乳液涂在胶片上然后晾干。虽然，这一方法效率也并不是很高，但是它为后来胶片以 1‰秒的速度快速显影的技术打下了基础。

在湿版摄影法中，胶片必须在其晾干之前使用，而干版胶片任何时候都可以使用。胶片在相机中的曝光方式和前文所述相同，但有一点不同的是需要使用到快门。干板摄影法中用到的是邻苯三酚酸定影液，或者是甲氨基粉和氢化奎宁等更新型的定影液。定影液把胶片中与光产生了反应的溴化银变成金属银，没有被光影响的依然以溴化银的形式存在。赛璐珞胶片是干版摄影最新的技术，它可以用在手动相机、摄影机和投影仪中。

Velox 相纸。——服饰每一季都有新潮流，摄影相纸的更新换代也是如此，只不过没有时装那么频繁。前文提到的锡箔纸必须要经过阳

---

[1]　一种液体或黏性物质，里面有呈水珠状、悬浮的脂肪或树脂粒。牛奶就是一种乳液，里面含有分离悬浮的乳脂。明胶乳液是一种含有分离悬浮的溴化银粒子的明胶。

光直射，以及调色、定影等其他必要步骤才能得到照片，这既耗时又耗力，而且人们早就厌倦了传统的白色和棕色照片。贝克兰博士（Dr. Baekeland）是人造树胶的发明者（人造树胶是硬橡胶的一种廉价替代品），他在 1893 年发明了一种相纸，这种相纸表面有一层银乳液涂层，和干版摄影法的胶片类似，但是贝克兰博士的相纸感光非常缓慢，所以，就要用到人造光来冲洗照片。这就是后来的 Velox 相纸，不需要阳光也可以显影，再经过定影和晾干，就形成了美丽的黑白照片。

彩色摄影。——透过照相机的圆形玻璃镜头看被拍摄的物体，你肯定会惊叹于它生动美丽的色彩。因此，从摄影技术出现之初，就不断有人尝试想要把这自然的色彩保留在照片中。来自费城的弗莱德里克·E·艾维斯（Frederick E Ives）最先想出了一种在照片中展现物体真实色彩的方法，也就是"艾维斯三色法"。这种方法假设太阳光或电弧光等白光是由红色、绿色、蓝紫色三种基础颜色组成的，按照不同比例混合可以得到深浅和明度不同的其他所有颜色。

艾维斯三色法需要用到一种有连续三个镜头的特殊相机，它们会同时对同一物体拍摄出三张底片。第一个镜头后面是一块红色玻璃，它后面是一块绿色玻璃，再往后则是一块蓝紫色玻璃。红色玻璃只能让红光通过，绿色玻璃让绿光通过，蓝紫色玻璃则让蓝紫色光通过，并过滤掉其他颜色的光。

用这些有颜色的镜头拍摄物体后，底片就会定影，红色镜头拍出的物体在底片中是红色的，绿色镜头拍出的是绿色的，蓝紫色镜头拍出的就是蓝紫色的。底片虽然没有颜色，但是它会记录被拍摄物体的颜色，就好像留声机唱片虽然没有声音，但是它记录了人声或者乐曲。

记录了这三种颜色的底片可以生成彩色的幻灯片，把它放在一个加色装置[1]中，这一装置有三个镜头，从前往后分别是红色、绿色和蓝紫色。幻灯片被放在装置的三个镜头后面，当电灯光通过镜头时，这三张正片上的图像会叠加在一起被投射到屏幕上，它们会恰如其分地重合。这样形成的图片和被拍摄物体本身的色彩丝毫不差。

---

[1]　一种有三个镜头的特殊的灯。

第十三章　电化学反应过程

　　和光一样，电对某些化合物也有决定性的作用，反过来，某些化合物不仅能产生光，还能产生电。产生电的化学反应和作用于化学物质的电的科学叫作电化学。1800 年，伏特发现一块由浸过醋的布片隔开的锌片和一块铜片可以产生电流。

　　电化学反应可分为三大类：第一类是通过化学过程产生电流，如电池；第二类是在金属物体上镀上其他种类的金属，以便保存它们，使它们看起来更好或获得铸件；第三类是从其化合物中提取金属并加以精炼。在电弧炉中制造合成化合物和新化合物的过程是电流的次要用途，因为是电弧光的热量引起了变化，而不是直接应用催化剂本身。

　　电是如何产生的。——发电有几种方法，其中包括：（1）通过摩擦，如玻璃棒与一块丝绸摩擦，就被称为摩擦起电，或者静电；（2）通过热作用于两种不同的金属而产生热电；（3）通过化学作用产生电，如锌和铜受到盐、碱或酸溶液的作用，如电池；（4）通过伏打电池，如平行的电线穿过磁场，如发电机中的电线。我们在这里关心的唯一过程，就是通过化学作用产生电流的过程。

电池的种类。——如上所述，电池是利用化学作用产生电流的装置，当两个或两个以上的电池连接在一起时，就形成了电池组。现在，电池可以分为两大类，即原电池和次级电池，或者在英国称为蓄电池，或者在美国称为储能电池。它们之间的区别在于，主电池通过溶液（或者称为电解质）的直接化学作用，对其中的锌元素产生电流，而次电池在产生电流之前必须通过电流进行充电；然而，电流不会像你马上看到的那样储存在电池中。

原电池及其工作原理。——现在，虽然所有原电池产生电流的原理都是一样的，但它们也有两种基本类型，即干电池和湿电池。干电池并非完全干燥，之所以叫干电池，是因为它不含任何游离液体，而且它是密封的，以防止任何可能的泄漏机会。它广泛用于各种用途，如闪光灯、电铃、报警器和所有需要大量瞬时电流的地方。

湿电池中含有液体电解质，有些由碱组成，有些由酸组成。这些电池又分为开路电池和闭路电池。对于第一类电池，与之连接的电线必须保持开通状态，即除了使用电流的短暂间隔外，电路必须保持开通，而对于第二类电池，电路必须保持关闭状态，以便电流可以一直流过它。

关于开路电池。——所有原电池除了电解质或溶液外，还由三部分组成，有些还由四部分组成。一个简单电池由一个盛有电解质的杯子或罐子组成，其中浸泡着一片锌和一片碳。这些部件被称为元素，而锌被称为阴极，碳元素被称为阳极。记住这些名称是很重要的，因为它们会用于水的分解、电镀和各种化合物的电解中。绑扎柱通常被固定在元件的上端，以便电线可以方便快捷地与之连接。

干电池由锌片制成的罐或杯组成，构成电池的负极。在锌杯的中间放置一根碳棒作为正极，或者说阳极，但是不与锌杯接触。在电极之间填充一种电解液，作为一种活性糊状物，当熔化的沥青浇注在锌杯上时，电解液就会填充到离顶部不到半英寸的地方。当沥青冷却时，电解液就会固定住碳和糊状物，防止任何液体泄漏出来。这种糊状物由氧化锌、氯化锌、氯化铵、二氧化锰和石膏组成，并与水混合成膏体。

现在，只要连接元件的导线保持分开，也就是说只要电路保持断开，电解质和锌之间就不会发生化学反应，但是当导线连接在一起时，电流就会产生，通过电解质从锌流向碳，通过导线电路从碳流向锌。由于电流从碳元素流向与之相连的导线，所以，它被称为正极，而由于电流从导线流向锌元素，所以，它被称为负极。

湿电池使用氯化氨溶液作为电解液，包括一个玻璃罐，一个放入多孔杯[1]中的碳板，周围装有由二氧化锰和碳粉组成的化合物；然后在罐子里放入一根锌棒，后者装入溶解在水中的氯化氨溶液。干电池和湿电池

---

[1] 这是用未上釉的陶器做的，像个花盆。

的化学作用是相同的：当回路闭合时，氨与锌反应生成氯化锌，同时释放出氨和氢。二氧化锰电池的作用是缓慢地氧化氢气，如果电路闭合一段时间，氢气释放的速度快于它被氧化的速度，这就防止了进一步的化学反应的发生。当断开电路并让电池停留一小段时间后，电池恢复并再次产生电流。

关于闭路电池。——与刚才描述的开路电池不同，闭路电池能提供更强大的电流，电路可以长时间闭合。本生电池（Bunsen cell）是德国的本生教授在 1841 年发明的，它是最好的闭路电池之一，因此，它适合小规模电镀。它由一个玻璃罐子组成，里面有一个锌制的大圆筒，其中有一个多孔的杯子，在多孔的杯子里面有一个碳板。电解液包含两种不同的化合物：一种是浓硝酸，放在多孔杯中；另一种是稀硫酸，放在玻璃罐中。现在，当电路闭合时，硫酸和锌作用释放出氢气；这些氢气通过多孔杯，一旦接触到硝酸，就会产生二氧化氮，这是一种有强烈刺激性和腐蚀性的气体，会从电池中释放出来。

在没有发电机电流的情况下，电报线路使用重力电池或鸦爪电池。它是丹尼尔电池（Daniell cell）的简化形式。早在 1836 年，伦敦的丹尼尔教授（Professor Daniell）就在研究一种可以产生恒定电流的电池，并取得了很大的成功。他的电池由一个玻璃瓶组成，里面放着一个铜瓶。后者里面是一个多孔的杯子，里面是一根锌棒。玻璃瓶里装满了饱和的硫酸铜溶液，也就是蓝矾，多孔的杯子里装满了稀释的硫酸锌溶液；多孔的杯子让两种溶液能够慢慢地混合。

重力电池实际上是一个没有多孔杯的丹尼尔电池。它由一个玻璃罐组成，罐底部有一条星形的铜条，裸露的绝缘电线与铜焊接在一起，通向罐子的上方和外面，而一个带有指状突起的重型锌铸件则连接到罐子的顶部。由于锌看起来有点像乌鸦脚，所以，这种细胞通常被称为鸦爪电池。罐子底部的铜星装满了硫酸铜，把一种溶解在水中的微量硫酸组成的溶液倒入罐子，直到它覆盖住锌。

当电池的回路被关闭时，硫酸作用于锌并形成硫酸锌，由于硫酸锌比硫酸铜轻，因此，它仍然在硫酸铜溶液的上面；两种溶液因为重力差而分开，就被称为重力电池。在锌上形成硫酸锌的同时，金属铜沉积在铜上，硫酸锌增加的重量恰好相当于硫酸铜损失的重量。

电池中的局部作用。——电池中使用的锌从来都不是纯的，而是含有碳、铁等微粒。现在，在使用酸性电解质时，就像在本生电池和重力电池中一样，不纯微粒和锌原子之间会产生化学反应。这就产生了所谓的局部作用，也就是说，每一对这样的小配对就像一个微小细胞的组成部分，并产生电流。电解质的这种作用会消耗锌，同时减少电池的电流输出。为了防止这种局部作用，1832 年发明电磁铁的英国科学家斯特金（Sturgeon）用硫酸清洗了锌，然后在锌表面摩擦汞。这一过程被称为无汞化，因为锌和汞形成汞合金，将纯锌带到表面，同时覆盖不纯的颗粒；它也形成一个光滑、明亮的表面，很快就被一层氢膜覆盖，对锌进行保护，电池工作时除外。

　　蓄电池及其工作原理。——虽然原电池通过电解质对锌元素的化学作用产生电流，从而使锌元素和电解质都耗尽，但二级电池或蓄电池只有在充电后才能通过由发电机或其他直流电源产生的电流传递电流。在这一过程中，蓄电池将提供与充电时相同的电流。

　　1860 年，法国的加斯顿·普兰特（Gaston Plante）制造了第一个蓄电池。他的电池由两个铅板组成，铅板之间用一块毡布隔开，所有的铅板都卷在一起，然后浸泡在稀硫酸中。这种电池既简单又紧凑，而且效率很高，但是它有一个很大的缺点，就是必须经过多次充放电，才能把几乎与输入电流相同的电流输送到任何地方。在制备铅板时发生的化学反应是这样的：电流通过电池，直到其中一个铅板变成过氧化铅，而另一个铅板变成海绵状铅。为了节省这一操作所需的时间和电流，同样来自法国的卡米尔·福尔（Camille Faure）在 20 年后做了一个重要的改进——在一个铅板上粘贴了一层过氧化铅，在另一个铅板上粘贴了海绵状的铅。福尔电池的问题在于，活性物质——也就是过氧化铅和海绵状铅被分解了，也就是说，它在化学反应过程中和移动过程中都会被分解。

　　如今的蓄电池。——蓄电池有两种，即铅蓄电池和镍钢蓄电池。铅电池由两种被称为镀金的元素组成，这两种板栅都是由打满孔的或者在上面刻有凹槽的铅片组成的。正极板栅充满了过氧化铅，而负极板栅充满了海绵状的铅，也就是被精细分割的纯铅。两个或两个以上的正面镀层平行地放置在一起，但是彼此之间相隔大约半英寸，所有的镀层都通过一个被称为带子的引线连接在一起，带子可以连接终端电线或电缆。这一组板栅被称为阳极组。

接下来，相同数量的负极板栅以与正极板栅相同的方式连接在一起，这就是所谓的负极组。将这两组推到一起，使它们的板栅互相交替，再将被称为分离器的薄板插入每一对之间，使它们分开。当电池准备好投入使用时，再将电池放入一个装有由硫酸和水组成的电解液的罐子中。

然而，在电池可以传输电流之前，它必须充电，为了做到这一点，它的终端必须连接到发电机或其他直流电源上。当电流流入电池时，就会发生化学反应，把正极板栅的海绵状铅变成过氧化铅，把负极板的过氧化铅变成海绵状铅。要从电池中获得电流，你所需要做的就是在发生化学反应时关闭电路，当负极板上的海绵状铅变回过氧化铅时，正极板上的过氧化铅又变回海绵状铅。由此，你可以看到充电电流并没有储存在电池中，而是在电解质和铅化合物之间产生了化学作用，这样当它们再次相互作用时，就会产生电流。真正储存起来的是化学能而不是电。

爱迪生蓄电池。——因为铅和其他同样体积的金属相比很重，而且铅栅在长期的使用后容易被分解，所以，伟大的发明家爱迪生花了很多年和很多钱来制造一种蓄电池，这种电池在输出同样的电流的情况下重量更轻，而且不会磨损。爱迪生蓄电池的电极板是用冲孔的镍钢薄板制成的，其中装有活性物质。正极板中的活性物质是过氧化镍，负极板中的活性物质是氧化铁。所有正极板连接在一组中，所有负极板连接在另一组中，就像在铅电池中一样。然后两组被推在一起，使正极板和负极板交替，并在每一对之间插入一片硬橡胶以保持它们之间的距离；这样形成的元件被放置在一个罐子里，罐子里装有碱性电解质，它是将钾碱溶解在水中制成的。

当电池充电时，流入电解液的电流释放出氧气，氧气作用于氧化镍并将其转化为过氧化物；同时，电流离开电解液时释放出氢气，氢气将氧化铁转化为海绵状铁。当电池放电时，作用发生逆转，过氧化镍转化为氧化镍，海绵铁转化为氧化铁。爱迪生电池占用的空间与同样容量的铅电池相当，但重量只有铅电池的一半。

电镀与电铸术。——用电在廉价金属表面镀上一层价格较高的金属，这个过程被称为金属的电沉积，或者用日常用语来说，就是电镀。为了电镀，你需要一个电源，为了达到实验目的，你可以使用本生电池，或者重力电池。你还需要一个大的罐子，一种镀液，一对铜棒，一个阳极——这是一块纯金属，你要用它来电镀物体，最后，确定你想电镀的对象。现在把一些硫酸铜溶解在水中，做成镀液，并把它放入广口瓶。

完成后，将铜棒放在罐子顶部，然后将它们连接到电池元件上。在与碳相连的棒上悬挂铜阳极，在与锌相连的棒上悬挂待镀的物体；在这之前，将待镀的物体浸入沸腾的碳酸钠溶液中，就是所谓的普通苏打，因为它必须保持完全清洁，没有油脂。现在硫酸铜溶液中含有带正电荷的铜粒子和带负电荷的硫酸粒子。通电后，带正电荷的铜粒子被吸引并沉积在待镀物体上。对于从溶液中沉积出来的每一个铜粒子，都有一个带正电的铜粒子从铜阳极传递到溶液中，因此，它的浓度保持不变。

当印刷需要大量的印模时，一般用电版，因为铅字太软，字母的边缘很快就不清晰了。为了制作电版，需要用蜡固定印模，然后在印模上刷上石墨粉，这样它就可以导电了。将蜡模悬挂在电镀槽中进行电镀，直至形成与原模一模一样的薄铜模。将蜡熔掉，铜印用活字金属支撑，使其更厚更牢固。最后，将印版安装在一块木板上，当电版完成并准备印刷的时候，这块木板就能抬高印版。

用金电镀时，阳极当然是用纯金制成的，镀液则由氯化金和氰化钠制成。氰化钠是一种剧毒化合物，溶于水。为了使金更容易附着在被镀物上，后者会被浸入硝酸汞中——这是将硝酸银和氰化钾溶解在水中制成的。用镍电镀比用上面提到的任何一种金属电镀更难，该镀液含有镍和铵的硫酸盐溶液及硫酸铵。

镀液中发生了什么。——任何一种镀液都是由盐组成的，盐是由金属和酸结合而成的。因此，硫酸铜是由金属铜和硫酸形成的。当这种化合物溶解在水中，形成镀液时，会被水分解，变成带正电的金属离子和带负电的酸根离子。带正电的金属离子吸附在阴极上，形成镀层金属；而由纯金属组成的正极则会吸引带负电的酸根离子，由于盐被水分解为带正电的金属离子和带负电的非金属离子，因此，产生更多的硫酸铜。

　　霍尔电气工艺。——霍尔装置由一个内衬碳的大铁罐组成，这个铁罐形成了电流源的一个极点，即阴极。熔化的冰晶石和铝土矿被倒入罐中，一些大的碳棒形成了另一极，即阳极，与电流源相连接，并插到混合物中。电流从碳极传递到碳衬层，然后通过混合物；当铝落到罐底时，电流会分解混合物。为了尽可能低成本地生产铝，美国的工厂设置在尼亚加拉瀑布，由水能提供电力。采用霍尔工艺，每磅铝的生产成本不到20 美分。

第十四章　人造化学制品

　　人类进行的第一次化学操作，是通过燃烧来分离木材或其他燃料的元素，但是唯一知道的是这种行为会发出光和热。在化学中，当一种化合物被分解成其原始元素时，这个过程被称为分解，而当某些元素结合起来形成一种化合物时，这个过程被称为合成。

　　第一个燃烧燃料并能确定其成分的化学家进行了第一次定性分析。过去的炼金术士通常把各种物质混合在一起，产生新的化合物，但是，他们不知道这些化合物是什么，也不知道为什么会形成这些化合物，但是，第一个把两种已知的元素结合起来形成一种他想要的化合物的化学家是第一个进行定性合成的人。

　　什么是天然化合物、人造化合物和合成化合物。——当两种或两种以上的元素自然地结合在一起时，产物当然是天然的化合物。当两种或两种以上的物质被人类手工混合或结合，所产生的化合物在某种程度上模仿了一种天然的物质，这种物质就是人造的。化学家和其他人曾多次尝试制造具有天然化合物性质和用途的化合物，但几乎所有的人造产品都失败了。

但是，还有另外一种方法，一种在制造天然化合物替代品的各个方面都更加科学和更好的方法，它就是化学合成。化学家使用与自然界相同的原子量和分子比例将相同的元素组合起来，这样得到的产物将具有与天然产物完全相同的性质，因此，与天然产物完全相同。由化学家制造的这种化合物被称为合成产品。

在1825年克里米亚战争爆发之前，硝酸钾主要来自印度，而且一直有足够的物资供应世界上所有的军队。但是，当战争爆发的时候，法国没有足够的资金，只要有人能够参加战争，政府就会奖励他们。

现在有充足的氯化钾，看起来非常像氯化钠（普通食盐），并且，二者具有大致相同的性质，还有硝酸钠，也就是辣椒硝石，所以，人们想出了一种方法，用这些材料制造硝酸钾。当氯化钾和硝酸钠的强溶液混合在一起时，产生了氯化钠和硝酸钾，这被称为复分解反应。以下是这种反应的结果：

氯化钾 + 硝酸钠 = 氯化钠 + 硝酸钾

因此，这是合成化学为满足战争需要而进行的早期应用，在第二次世界大战期间，各个国家在很大程度上进行了合成化学的应用。

樟脑是怎样合成的。——你在第七章中读到过，樟脑是通过砍伐和蒸馏樟树木制成的树胶得来的，多年来，日本政府实际上控制了樟树的全部产量，因此，能够用其创造巨大的财政收入。每个樟脑分子由 10 个碳原子、16 个氢原子和 1 个氧原子组成，或者把它写成一个化学式 $C_{10}H_{16}O$。正如你所知道的，美国并不生长樟树，但是我们有大片的松树林，这些松树可以提供我们所需要的松节油。

但是，你可能会问，松节油和樟脑有什么关系？每一个松节油分子由 10 个碳原子和 16 个氢原子组成，用化学式表示就是 $C_{10}H_{16}$。如你所见，樟脑和松节油之间的唯一区别是，前者对于碳原子和氢原子形成的每个分子都有一个氧原子，而后者则没有。现在一定很清楚了，如果你能为松节油提供额外的氧原子，你就会获得樟脑。使一定数量的原子与某些其他元素的分子结合，特别是与某些其他化合物的分子结合通常是一件困难的事情，但是如果你发现了正确的方法就可以做到，这通常是通过做一系列的实验来完成的。

大约 20 年前，两位美国化学家——布拉德利（Bradley）和洛夫乔伊（Lovejoy）解决了这个问题，在长时间持续的实验之后，他们找到了制造合成樟脑（synthetic camphor）的方法。他们从松节油和草酸[1]开始，后者是由 2 个碳原子、2 个氢原子和 4 个氧原子组成，也就是 $C_2H_2O_4$。因为它是一种植物酸，当它被其他植物化合物作用时，它可能比矿物酸更容易释放氧气。

---

[1] 草酸主要由锯末制成，锯末产生的草酸重量相当于这种盐晶体重量的一半以上。

将松节油和草酸放入蒸汽加热的容器中，容器内衬有石棉以保存热量，当温度达到沸点附近时，松节油和草酸会结合到一起，形成草酸丁醇（pinol oxalate）和丙二醇甲酸酯（pinol formate），两者都是油性液体。接下来，氢氧化钠，也就是碱会被放入容器中，再次加热。在这最后的操作中，草酸的氧原子与松节油的碳氢原子以适当的比例结合，产生樟脑分子，由此制得的樟脑是粗制的，并与各种芳香油混合在一起。芳香油是一种重质芳香油，用于制造香皂等。

为了把粗樟脑，也就是现在所说的冰片从油中分离出来，就要蒸馏这些混合物，也就是对其进行加热，直到蒸汽蒸发。但是，蒸馏过程不仅仅是简单地加热、蒸发和冷凝化合物，因为，为了保留所有的芳香油，必须使用分馏法。不同的化合物有不同的沸点，因此，它们会在不同的温度下蒸发。最轻的油首先蒸发，然后冷却并排出；然后温度升高，较重的油蒸发、冷却和排出，这一过程重新进行，直到得到所有不同的油或所谓的馏分。蒸馏器中残留的化合物是真正的樟脑，但远不及从樟树中提取的樟脑那样纯白。

红糖和白糖一样甜，但是如果能买到精制糖的话，没有人愿意在他的咖啡中加入红糖，即使红糖更便宜。同样的偏好也适用樟脑，如果樟脑不像天然产品那样洁白，公众就不会购买。所以，棕色的合成樟脑必须精制，这是通过将蒸馏后残留的油脂通过压滤机压出而实现的。然而，得到的樟脑并不是完全的白色，为了去除残留的颜色痕迹，它会被慢慢蒸发掉，这样就排除了含有使它变色的残留杂质的水。最后的操作是使空气流通过蒸发锅中的液体樟脑，将其中的颗粒吹入一个腔室，在那里，它们结晶成雪白的纯樟脑薄片。

制造合成橡胶。——橡胶的用途如此多，以致橡胶从来不是市场上的有害物质。而且，自从汽车成为一种常见的运输方式以来，对橡胶的需求就迅猛地增加了。有两种方法可以获得更多的橡胶：(1) 种植更多的橡胶树；(2) 合成橡胶。来自橡胶树的生橡胶的分子式是 $C_{10}H_{16}$，这意味着每个橡胶分子由 10 个碳原子和 16 个氢原子组成。

与橡胶最接近的化合物是一种叫作异戊二烯的液体化合物，它的化学式为 C_6H_8；换句话说，它只需要一半数量的碳原子和氢原子就可以构成一个橡胶分子。异戊二烯可以从许多不同的气态、液态和固态化合物中的任何一种获得，如乙炔、乙烯和苯，所有这些都属于同一类碳氢化合物。它也可以由松节油和含有淀粉的植物制成。

乙炔是由电石和水反应生成的，它的分子式为 C_2H_2；乙烯存在于矿物、煤和水煤气中，它的分子式为 C_2H_4；而苯是从煤焦油中提取的，它是一种液体，和松节油的分子式相同，也就是 $C_{10}H_{16}$，这和橡胶的分子式完全一样。松节油是从树木中提取的，而淀粉是从各种植物的根中提取的，像马铃薯，叶子的底部，像洋葱和某些种子，如玉米，分子式是 $C_6H_{10}O_5$。不难看出，所有这些化合物中都含有制造橡胶所必需的元素，尽管其中碳原子的数目通常少于一个橡胶分子所含的数目。

由于松节油和橡胶分子中的碳原子和氢原子数目完全相同，你可能会奇怪为什么一个是具有一系列特性的液体，而另一个是具有另一系列特性的固体。原因是碳原子在它们中的排列方式不同，因此，为了制造橡胶，你不仅必须让合成化合物的每个分子中拥有与天然化合物相同数量的碳原子，还必须以精确相同的方式将它们结合在一起。这增加了问题的趣味性和成功解决问题的难度。

在过去的 30 年里，橡胶界流传着这样一个故事：英国化学家蒂尔登（Tilden）教授在货架上的一瓶由松节油制成的异戊二烯（isoprene）瓶中发现了几片橡胶。但是，尽管教授尝试了很多方法，甚至他可能在货架上放了很多瓶异戊二烯，他还是无法再次诱导异戊二烯变成橡胶。因此，从那以后，他不得不满足于自己是第一个看到这种变化的人，并沉浸在这种荣耀之中。

1894 年，曼彻斯特大学的马修斯博士（Dr. Matthews）用一种不同的方法——实验方法——解决了这个问题。他没有等到异戊二烯自己变成橡胶，但是他最终发现，通过与金属钠一起加热，异戊二烯会发生变化。1886 年，卡斯纳（Castner）发现了一种制造金属钠的廉价工艺，因此，这种元素的成本影响不大，但问题是从松节油中提取异戊二烯的原料太昂贵了。

由于从松节油中提取异戊二烯的成本太高，无法使合成橡胶获得商业上的成功，因此，下一步的努力是从淀粉中提取异戊二烯，而淀粉又是从马铃薯中提取的，马铃薯中含有大约 20% 的异戊二烯。为了从淀粉中提取异戊二烯，要将其转化为一种有毒的酒精——杂醇油，用酵母进行发酵，再通过用氯气处理杂醇油得到异戊二烯。

另一种制造合成橡胶的方法是使用丙酮，这是一种化学式为 C_3H_6O 的液体化合物，它是由醋酸钙和石灰加热制成的。当丙酮和乙炔气体发生化学反应时，得到的化合物就是异戊二烯。在第二次世界大战期间，当来自巴西和非洲的橡胶供应被德国切断时，化学家就用大量的丙酮和乙炔气制造合成橡胶，但是它远远达不到标准，而且它的成本比和平时期的天然产品要高得多。

第十五章　不可思议的煤焦油

当煤气最初被制造出来用于烹饪和照明时，人们称之为"煤气房"，因为它会发出垃圾的恶臭味，令周围的人敬而远之。

这堆所谓的垃圾主要由煤焦油组成，煤焦油是制造照明煤气过程中形成的副产品之一，与主要产品本身一样珍贵，因为这种黑色、难闻、黏稠的东西含有明亮的染料、有益的药物、精致的香水和美味的香料。但是很多年来，它都被扔掉了。

1吨煤包含什么。——在制造照明气体时，烟煤，即生煤（见第三章）被放入蒸馏器中蒸馏。在蒸馏炉上加热时，煤依次生成各种固体、液体和气体化合物。从煤的破坏性蒸馏中提取的4种主要产品是照明气体、氨性液体（见第八章）、煤焦油和焦炭，现在所有这些物质都得到了利用，不允许任何东西浪费。从1吨软煤中可以提炼出12000立方英尺的天然气，三分之二吨的焦炭，20磅的硫酸铵（由氨水制成）和120磅的焦油。在这些产品中，我们目前只对后者感兴趣。

储存阳光。——在黑色、黏稠、难闻的煤焦油中，蕴藏着热带石炭纪时期的阳光和彩虹般的色彩。从 1 吨煤中提取的煤焦油或称为原油，经过蒸馏可得到下列产品，每一种产品的数据粗略地给出了其中所含的量：苯酚，也就是石炭酸，1/2 磅；苯，15 磅；甲苯，3 磅；二甲苯，1.5 磅；萘，3/8 磅；蒽，1/4 磅；沥青，80 磅。这些化合物中有些是液体，有些是固体，但没有一种是有颜色的，尽管它们确实有独特的气味。为了使它们成为染料或药物，必须用其他化合物处理它们。

为了从煤焦油中提取石炭酸，需要用氢氧化钠，也就是苛性钠来溶解石炭酸。用硝酸和硫酸加热石炭酸，就能形成明亮的、黄色的针状晶体，化学家称之为苦味酸或三硝基苯酚。苦味酸（见第七章）在和平时期被广泛用作丝绸和羊毛的黄色染料，在战争期间作为一种炸药，需求量很大。

苯和苯胺。——苯是来自煤焦油的较轻的油之一。苯溶解原橡胶，当受到稀释的氯化硫作用时，橡胶硬化的方式与加热时硫化的方式非常相似（见第九章）。这个过程被称为冷硫化。但是，如果把苯转化成硝基苯，会比硫化橡胶有更重要的用途。为了制造这种化合物，当一种重的油性液体产生一种非常像苦杏仁的味道时，就用硝酸处理苯。苯胺是由硝基苯生成的，苯胺是由一种无色油脂，可以制成多种颜色的苯胺染料。

你很快就会看到，苯胺是化学发现的 7 大奇迹之一。用车床上的硝基苯铁钻孔，与盐酸和硝基苯一起放入一个腔内，打开蒸汽。通过盐酸对铁的作用，就会有氢释放出来，与硝基苯结合，形成苯胺和水。当苯胺准备用于制造染料和其他产品时，通过蒸馏将它们分离出来。

　　煤焦油染料的发现。——早在 19 世纪中叶，一个名叫威廉·珀金（William Perkin）的 18 岁男孩就有了一个伟大的想法。当时，奎宁的唯一来源是秘鲁树皮；由于当时奎宁非常稀缺，价格昂贵。年轻的珀金认为，通过混合某些其他化合物，即合成奎宁，是有可能制成奎宁的。如果他能做到这一点，就会得到一大笔财富，所以，他开始朝这个目标而努力。在一个实验中，他用重铬酸钾（一种由金属钾、金属铬[1]和氧形成的红色盐）处理苯胺，但是他没有得到奎宁，而是得到了一种浑浊的沉淀物，一千名化学家中只有一个人认为它值得研究。

　　但威廉·珀金就是这第一千个人。他好奇地看着这种沉淀物，看了很久，然后在上面倒了一点酒。他发现自己制造出了一种华丽的紫色燃料，并将其命名为淡紫色。这个名字来自法国的一种花，我们知道它叫锦葵。这是第一种煤焦油染料，长期以来被广泛用于丝绸和羊毛的染色，但由于它在阳光下易褪色，因此被其他染料取代了。

　　品红的发现。——这种新型染料的成功迅速传播开来，世界各地的化学家都试图通过使用重铬酸钾以外的其他介质氧化苯胺油来复制这种燃料。首先，法国的雷纳德（Renard）和福尔（Faure）使用了砷。这一种易碎的钢灰色元素，其特性非常像磷。但是，他们用砷和苯胺并没有得到淡紫色，而是得到了一种叫作品红的奇妙的深红色染料。然而，染

---

　　[1]　它的名字来源于希腊语 chroma，意思是表面颜色。

料本身不含任何砷，而是由苯胺制得的红色染料与酸结合时形成的盐。品红不仅直接用于染色，而且像苯胺一样，它形成了许多其他染料的起点。早期用它制成的染料中有一种叫作磷化氢的物质，它呈现出美丽的橙色。现在它已经不再叫磷化氢，因为磷化氢在今天的化学中是一种气态磷光反应氢。另一种早期的苯胺染料是尼克尔森的蓝色，但是这种染料不是直接生产颜色，而是首先浸入无色的染料，当蓝色显现出来时再浸入弱硫酸溶液。这被称为显影染料。

甲苯中的染料和爆炸物。——甲苯是一种无色、易燃的液体，与苯非常相似。用硝酸处理时，它会变成硝基甲苯，这和苯胺的产生是类似的。虽然，从 1 吨煤中只能得到三分之八磅的萘，而从同样的量中可以得到 3 磅的甲苯，但是从甲苯中提取靛蓝的方法被放弃了，取而代之的是用萘，因为用甲苯制造出的爆炸物（通常称为 TNT）的需求量很大。所以，我们不用甲苯合成靛蓝，而是用萘。硝基甲苯和三硝基甲苯的区别在于，前者的甲苯只有一组氮原子和氧原子与之结合，而后者有三组氮原子和氧原子。当三组氮原子与甲苯结合时，化合物变得非常不稳定，这就是其具有爆炸性的原因。

来自蔥的茜草色素。——在 1869 年以前的许多年里，印度、土耳其、波斯和南欧部分地区大规模种植了一种叫茜草的植物。它的价值在于它的根部含有一种色素化合物，这种化合物被用来作为一种染料来生产远近闻名的土耳其红。早在 1828 年，法国的罗比奎特（Robiquet）和科林

(Colin）就分离出产生红色的茜草根的活性原子，他们根据阿拉伯语中的土耳其红色称之为 alazari，把茜草根叫作 Alizarin，但是他们不知道这些晶体是由什么组成的。

4 年后，杜马斯（Dumas）和劳伦特（Laurent）成功地从煤焦油中提取出了一种新的化合物，并将这种化合物命名为蒽。1869 年前不久，德国的格莱贝（Graebe）和李伯曼（Lie-bermann）从茜草中提取了一些茜素，再用锌粉提取，得到了蒽。这是开启一系列全新染料的关键，因为，既然可以从茜素中得到蒽，就应该可以逆转反应方向，将蒽转化为茜素；化学家们毫不费力地做到了这一点，这是人类历史上第一次合成复制了自然染料。

这一成就让商业界为之疯狂，但就像许多其他合成产品一样，从蒽中提取出茜草素的成本比从茜草中提取出茜草素的成本更高。但是，没过多久，英国和德国的化学家们就改进了合成茜素的制造工艺，以前用于制造润滑油的蒽油价格上涨到了每吨几百美元，而茜素的生意则迅速下滑，最后完全破产。

茜素是一种显影染料，因为要染色的物品必须首先浸泡在由某种金属的氧化物（如铁、铝或铬）制成的溶液中；然后当物品浸泡在染料中时，就会形成无法洗掉的沉淀物。像靛蓝这种能够把物品染成与之接触的颜色的燃料，被称为直接染料。

萘和靛蓝。——从煤焦油中获得的第一种原油产品是环烷烃。1819 年，英国人戈登（Gordon）发现了它，由于它是由珍珠状的鳞片组成的白色水晶构成的，因此，人们对它赞叹了一段时间，因为在那个时代，人们很难看到一种如此美丽的物质是如何从这样一种黑色黏稠的物质中形成的。萘首先是从含有大量焦油的重油中提取出来的，然后再由通过烧红的管道产生的。

它现在是由轻油和杂酚油制成的；后者是蒽从原油中分离出来后留下的残渣。为了从这些油中提取萘，必须将苛性钠与它们充分混合，这样可以溶解其中的苯酚（石炭酸）和甲酚（甲酚酸）。然后，这种混合物与其中的酸一起，在容器底部分离出水，在顶部分离出含有萘的油。

作为一种杀虫剂，萘已经在很大程度上取代了昂贵的樟脑，樟脑丸就是由樟脑制成的化合物。它也常被用来保存昆虫、蛾和蝴蝶以供收藏。但是它的主要用途是制造染料，每年有大量的染料被用于此目的。萘染料也不局限于单一颜色，而是包括了从最精致的黄色到最鲜艳的红色和绿色。

如果你曾经在家里见过洗衣服，你会记得洗衣服的女工把发蓝的衣服放进漂洗水里，这是它们最后经过的一道水，会让衣服变白。蓝色的是靛蓝，一种和文明一样古老的染料，埃及人至少在金字塔建造之前就用到了它。几个世纪以来所用过的靛蓝都来自一种浓密的植物，这种植物最初是在东印度群岛发现的，因此，被称为靛蓝。

这种色素是从植物中提取出来的，方法就是把它们放在大桶的水中，让它们发酵。为了使靛蓝成为染料，要用硫酸处理靛蓝，在这个过程中它会吸收氢，产生一种可溶的无色化合物，称为白靛。物品用它染色后，再暴露在空气中，这样就可以永远固定其中不溶的靛蓝。

大约在 1840 年，德国化学家弗里奇（Fritzsche）在用靛蓝做实验时发现，通过用苛性钾蒸馏，蒸汽在冷却过程中会形成无色的晶体。没过多久，他就发现自己制造的结晶化合物与靛蓝完全相同，于是，他把它叫作 analin，来自阿拉伯语 anil，意思是蓝色。后来，苯胺从煤焦油中提取出来。但是，直到 1879 年阿道夫·冯·拜尔（Adolph von Bayer）发现了一种提取靛蓝的方法，才有人知道如何从中提取靛蓝；但是，用他的方法生产的靛蓝比从植物中提取的要昂贵得多。

经过多年的实验，他发现可以从 3 种不同的煤焦油中提炼出萘中最便宜的一种，然而，他的方法根本无法和自然竞争。1894 年，德国的巴登苯胺苏打厂（Badische Anilin und Soda Fabrik）开始使用靛蓝，在花费了数百万美元和 15 年的研究工作之后，它的化学家们发明了一种合成靛蓝的商业化工艺。它生产的靛蓝不仅比天然靛蓝好，而且便宜得多，以致靛蓝种植者不得不走茜草种植者的老路——破产。

制作靛蓝的出发点是萘，但由于过程复杂，反应众多，我们只能给你做一个大概的介绍。首先，用硫酸和少量汞加热萘，使其变成邻苯二甲酸。然后，加热邻苯二甲酸，去除其中的水分，变成邻苯二甲酸酐。（酸酐是一种化合物，在水中溶解后形成酸。）然后用氨加热酸酐转化为邻苯二甲酰亚胺，再用苛性钠和氯气处理它转化成邻氨基苯甲酸。

目前，用一氯乙酸将邻氨基苯甲酸转化为苯基甘氨酸邻羧酸，简称苯基甘氨酸。后一种化合物与氢氧化钾融化，然后生成吲哚基，这是非常接近靛蓝的一种物质。将一股气流通过这种物质，把它氧化，就产生了靛蓝。为了使其成为染料，靛蓝要用硫酸处理，这时就产生了白靛，或者所谓的靛蓝白。

煤焦油制药。——从煤焦油中不仅可以得到美丽的颜色，还可以得到神奇的药物。你可能还记得，威廉·珀金在努力用苯胺生产奎宁时，发现他生产出的是淡紫色。虽然，化学家们从来没有能够从煤焦油中提取出奎宁，但他们沿着这条路线所做的工作已经产生了一些新的、甚至更有价值的药物。有一种从煤焦油中提取的化合物叫作喹啉（quinoline），长期以来，化学家们一直试图从中获得奎宁。不过，他们在其他药物中发现了一种药物，这种药物曾被用作治疗黄热病，但这种药物对患者产生的后遗症几乎和黄热病一样严重，因此，他们放弃了使用这种药物。安替比林（antipyrin）是第一种在药物领域占有一席之地的煤焦油类药物。这种药物是由德国的克诺尔（Knorr）博士于1883年从苯胺中提炼出来的，从那时起，它就被广泛用于代替奎宁治疗感冒和发烧及缓解头痛。

然后是乙酰苯胺，或有时被称为退热冰，在生产安替比林的同一工厂中被发现。它是由苯胺经乙酸处理后提取的，它也被用于治疗发烧，特别是神经痛。正如你在本章前面读到的，石炭酸是通过蒸馏煤焦油而获得的一种原油。水杨酸以前是从柳树的树皮中提取的，但是神户在1874 年从石炭酸中提取了水杨酸，所以，今天它是一种合成产品。大约在 1904 年，阿道夫·冯·拜尔（Adolph von Bayer）生产了一种新药，他称之为阿司匹林；它作为一种治疗头痛的药物，有着广泛且不断增长的用途，尤其适用于神经炎和风湿病。它的疗效与水杨酸有关。阿司匹林只是一个商品名，因为它实际上是乙酰水杨酸，是由乙酸对水杨酸的作用形成的。

非那西丁 (Phcnacetin) 是由石炭酸制成的另一种乙酰基化合物。它的历史比阿司匹林更悠久，对于头痛的治疗也比阿司匹林更快、更有效，但它对心脏的影响也更大，因此，只有没有心脏病的人才能使用它。其他煤焦油类药物包括佛罗拿、甲磺酸和磺胺类药物，以及安康药，如尤赛利·可卡因和奴佛卡因。

佛罗拿也被称为巴比妥，是一种助眠的药物，它能带来良好的睡眠，无论内心有多少烦恼。它来源于巴比妥酸，产自煤焦油。甲地那尔也是一种睡眠诱导剂，同样来自巴比妥酸。但是，所有这些催眠剂中最好的是索佛拿，它既可以用作催眠剂也可以用作麻醉剂。它不仅会让你进入深度睡眠，还能让你精神焕发。它是一种重晶化合物，由乙硫醇和丙酮氧化而成。

可卡因，顾名思义，最初是从古柯树中提取的，主要用于无痛拔牙。现在奴佛卡因受到牙医的青睐。所有这些局部麻醉剂都是从煤焦油中提炼出来的，比从植物中提炼出来的更纯、更好。

　　除了上述药物，还有许多直接或间接由煤焦油和其他化合物生产的药物。化学家们已经获得了物理学上所说的动量，并且已经有了一个良好的开端，没有什么能够阻止他们复制大自然的药物和制造新药物的脚步。

第十六章　制作香水和芳香

　　气味，也就是芳香的气味，和味道是如此紧密地联系在一起，以致我们通常把它们放在一起考虑，但是，在这里我们将分开来处理它们，告诉你它们是如何从自然中获得的，以及它们是如何由化学合成制造的。首先，你可能知道或者不知道单词 smell 和 odor 并不是同一个意思。

　　你的鼻子是嗅觉器官，它包含了通向大脑的嗅觉神经。为了使这些神经能够刺激脑细胞的嗅觉，有气味的物质或化合物必须能够释放出微小的粒子，也就是它的分子，而这些粒子必须与之直接接触。气体化合物这样做最容易——实际上太容易了。液体很容易汽化，因此，香水主要是由液体组成的，而有些固体只能释放出一小部分分子。虽然，通常很容易描述眼睛看到什么，耳朵听到什么，手感觉到什么，但是描述鼻子闻到什么却是另外一回事；我们只能说气味是好的还是坏的，甜的还是辛辣的，但是要说出它的特征几乎是不可能的。但是，因为香水是由已知的元素以一定的组合，组合而成的，所以，人们一直在努力对它们进行分类，但是到目前为止还没有从实验中得出非常明确的结论。

精油是什么。——油分为两大类，即不挥发性油和挥发性油。它们之间有几个不同之处，其中之一就是不挥发性油不蒸发，挥发性油在室温下可以蒸发。你可以通过在纸上滴一滴油来判断一种油属于其中哪一类；如果它留下持久的染色，它就是一种不挥发性的油；但如果它蒸发后没有留下污渍，它就是一种挥发性油。另一种方法是扭动瓶颈上的软木塞，如果它转动时没有发出声音，它就是不挥发性油，但如果它吱吱作响，它就是一种挥发性的油。当你把不挥发性的油加热到超过 500 华氏度时，它们会散发出难闻的气味；加热的时候，它们会分解成它们的组成部分；加热挥发油时，它们会蒸发，但不会发出恶臭或分解。

不挥发性油可以制成肥皂，而挥发性油不能。要制作肥皂，你需要做的就是把一些不挥发性油放入试管中，然后加入一些苛性钾。现在，把试管放在酒精灯或本生灯的火焰上加热，当碱（苛性钾被称为碱）与油结合时，就会形成软肥皂。最后，不挥发性油不能溶于乙醚或乙醇，而挥发性油易溶于乙醚或乙醇。

在煤焦油化学出现之前，人们都是从植物中提取香薰油和香料提取物；例如，紫罗兰精油是从新鲜的紫罗兰中提取的，玫瑰精油，或者所谓的玫瑰油，是从新鲜的玫瑰中提取的。有些植物的种子中含有油脂，有些植物的叶子中含有油脂，还有些植物的根含有油脂。正是这些精油或其中的活性成分，赋予了各种花朵甜美的气味。

一些煤焦油香料。——现在，一些（即便不是全部）精油可以由煤焦油原油制成，化学家得到的香料和天然产品一样甜美精致。化学家制造香料的过程与他制造合成染料的过程是相同的，而苯胺则是许多化学家制造染料的起始原料。

新割的干草的香味。——有些植物含有一种叫香豆素的精油，它的气味就像新割的干草一样。其中有汤卡豆、汤夸豆或汤昆豆（其拼写各异）、欧洲常见植物木皱叶豆和草木樨。1868 年，实验主义者威廉·珀金发现了从煤焦油中提取香豆素的方法。

他从水杨酸醛开始；水杨酸是由羧酸构成的，醛既不是酒精也不是酸，而是一种介于两者之间的物质。石炭酸是煤焦油的原油之一，但也可以用乙炔制取。香豆素真的能够称为一个严格意义上的合成产品：首先可以与碳和氢元素结合形成乙炔；乙炔被转换成苯；苯被转换成石炭酸，从中获得水杨醛酸，最终制成香豆素。这里有一个明确的例子，化学家可以从两种元素开始，一种是固体，另一种是气体，把它们合成起来，再加上各种其他的原子，直到得到一种晶体化合物，就像从植物中得到的那样，而且具有完全相同的气味。

丁香和百合的芬芳。——另一种合成产品是一种叫作松油醇的固体化合物，它是一种酒精，分为两种，它们的气味与山谷里的丁香花和百合一模一样，因此，它们主要用于制造香水，这些香水都有很吸引人的名字。在制造松油醇时，以松节油为原始材料，加入酒精和硝酸的溶液，从中结晶出一种叫作松节油水合物的化合物。水合物是指由水分子与其他化合物的分子结合而成的化合物，其中原子的排列不受干扰。接下来，溶液溶解时，向松节油水合物中加入水和少量硫酸，这样就把水去掉了，留下的浓稠液体就是松油醇；它冷却后就会结晶，可以制成丁香或百合花味的香水。

玫瑰的芬芳。——这种芳香精油是从玫瑰花瓣中提取出来的；它最初产自波斯，这就解释了它的名字。在波斯语中，atar 的意思是呼吸的香气，或者与之类似的东西。后来，它在不同的东方国家制造出来，特别是在阿拉伯和印度。它也被称为玫瑰油（otto of roses），也许是因为当德国人开始合成玫瑰精油时，他们认为这个名字很适合日耳曼人。由鲜花制成的玫瑰精油极其昂贵，因为 100 磅的玫瑰花瓣仅能制作 1/4 盎司的玫瑰精油。

虽然，玫瑰精油由 20 多种不同的化合物组成，但其中的主要成分是香叶醇。它是一种无色、无味的香精，能赋予天竺葵油和玫瑰油独特的芳香。当香叶醇被氧化时，会产生柠檬醛，紫罗兰酮就是由柠檬醛生成的，而紫罗兰酮则是合成香精，几乎所有的紫罗兰水和紫罗兰香水都是由它制成的。氧化化合物是指化合物与氧发生化学结合。

正是在德国的一个大实验室里，人们首次分析了玫瑰精油，也就是说分离出玫瑰精油的每种活性成分；之后，化学家们着手逆转这一过程，合成玫瑰精油，也就是从各种元素和化合物中提炼出玫瑰精油。这种产品是如此优秀，以致香水制造商的专业嗅觉专家都无法辨别出它是人造的还是自然产物。唯一的区别是，第一种的价格大约是 5 美元 1 磅，而第二种的价格大约是 500 美元 1 磅。

紫罗兰的香味。——鲜紫罗兰的精油几乎和镭一样稀缺，但紫罗兰花露水和紫罗兰香水是市场上味道最丰富的香水。这是怎么做到的？这个秘密不难发现，因为精油现在成吨成吨地在实验室制造，所以，当你花两美元就能够买到一小瓶花露水，或者五六美元买一瓶更小的紫罗兰香水时，你不需要觉得香水制造商在欺骗自己。

30 年前，两位德国化学家，蒂曼（Teman）和克鲁格（Kruger），开始分析紫罗兰的精油，以找出紫罗兰的确切成分。他们遇到的第一个难题是他们无法获得足够的紫罗兰精油来进行实验。有一种长着剑状叶子的植物，叫作鸢尾，它的根被称为鸢尾根。这种东印度物种的根在干燥时具有与紫罗兰相同的气味，因此，其中的精油必然与前者相同。他们分离出了活性原子，称之为鸢尾酮（irone），并发现它的每个分子都由 13 个碳原子、20 个氢原子和 1 个氧原子组成，简称 $C_{13}H_{20}O$。

在合成鸢尾酮的过程中，人们又发现了另一种化合物，它的气味与新鲜紫罗兰的气味相同，于是，他们将这种化合物命名为紫罗兰酮（ionone）。该化合物是由柠檬醛、丙酮与苛性钠一起加热生成的。这种化合物与硫酸一起煮沸时，会分解成两种化合物，都是紫罗兰酮，但是，每种化合物都与另一种略有不同。第一种叫作 α 紫罗兰酮；第二种叫作 β 紫罗兰酮。这两种紫罗兰酮就像两颗豌豆，甚至它们分子的原子排列也是一样的，但是，一种紫罗兰酮中的氢原子比另一种紫罗兰酮中的氢原子多一个。对于普通人来说，这些紫罗兰酮的气味完全一样，但是调香师可以察觉到它们之间细微的差别。

α 紫罗兰酮非常甜，它的气味恰恰是新鲜紫罗兰精油的味道，而 β 紫罗兰酮不那么甜，也不那么精致，可以用来制香皂。当两种紫罗兰酮再次混合在一起时，它们被作为鸢尾根油出售。

其他花的气味。——许多其他花的气味也是合成的。因此，天芥菜的气味被一种叫胡椒醛的化合物复制了，胡椒醛是一种白色的晶体化合物，它是由胡椒植物中的高锰酸钾氧化而成的。胡椒醛与香兰素有着非常密切的联系，香兰素是一种调味提取物，我们稍后会介绍。橙花精油是另一种用于制作香水的有趣的精油，它存在于各种各样的花中，如茉莉花、管玫瑰和依兰，也可以通过蒸馏苦橙获得。它是由甲醇和氯化氢合成处理邻氨基苯甲酸制成。

一些煤焦油香料。——我们通常把"味道"一词理解为影响味觉的一种特殊的、令人愉快的食物品质。确切地说，食物的味道不仅影响味觉，而且在很大程度上也影响嗅觉。为了能够感知食物的味道，它必须是可溶的，能够被口腔中的胃液溶解，然后必须直接接触到舌头和口中的其他部分。

接受味觉刺激的味觉器官，或称末端器官，是由味芽或味蕾形成的，主要位于舌头的上表面和边缘，在软腭和喉部也有一些味蕾。这些感觉神经芽通过三组颅神经与大脑相连，因为你的许多味觉实际上是由食物在你的嘴里溶解并传递到嗅觉神经后散发出来的气味引起的。

只有 4 种基本味道，即独特的味道，它们是甜的和苦的，酸的和咸的。甜味和苦味是由食物溶解时的化学作用形成的，而酸味是酸的感觉，咸味是盐和碱的感觉。舌尖上的味蕾对甜味的反应最强烈，舌边的味蕾对酸味的反应最强烈，舌面上的味蕾对盐的反应最强烈，舌底的味蕾对苦味的反应最强烈。

香草的味道。——1868 年，珀金发现了从煤焦油中提取香豆素的方法后不久，蒂曼制造出了香兰素，这是香草荚的精油。现在，虽然香兰素可以由游离碳、氢和氧合成，也可以从煤焦油中提取，但这需要一系列的过程，这使得用这些方法生产香兰素的成本过高。所以，它是用更简单的方法生产的，也就是以丁香油的精华丁香酚为起始原料，通过氧化后得到香兰素。起始化合物来自植物而不是煤焦油，这一事实并不能使它更不像一种合成产品，因为无论起始化合物是由原始游离元素、煤焦油还是植物提取的，所产生的香兰素在各个方面都与从香草荚中提取的香兰素相同。

冬青的味道。——把冬青的精华与石炭酸的精华联系起来需要很长时间的想象，但前者现在是由石炭酸制成的。换句话说，冬青是煤焦油的味道。用二氧化碳对水杨酸甲酯进行处理，使其转化为水杨酸。接着在水杨酸中加入甲醇，也就是木醇，以及硫酸，加热混合物，就会产生冬青油，这和从冬青浆果中得到的油完全一样。

其他合成香料。——除了上面描述的味道，还有许多其他的味道是由不同种类的酸作用于不同的醇而形成的。这些混合物产生了菠萝味的丁酸乙酯，梨味的乙酸戊酯，以及草莓和其他浆果的香味。事实上，没有任何一种已知植物的味道是不能在实验室里复制的，而且，其中许多都是可大量生产和销售的。

第十七章　电弧炉产品

正如电弧是人类迄今为止发出的最明亮的光一样，它也能产生已知的最大的热。当水沸腾时，它的温度是 212 华氏度；普通煤火的热量大约是 600 华氏度，仅比熔化铝所需的温度略高；当铁在 2912 华氏度熔化时，就需要比普通火更热的火，这可以通过用风箱或离心鼓风机向燃料供应更多的氧气来获得。

电弧的热量。——通过在两根碳棒（电极）的尖端之间传递电流，温度能够达到 7000 度，这是熔化铂所需温度的两倍。但这远远不是电弧所能产生的热量的极限，因为如果你不使用空气的 15 磅普通压力，而是把电弧放在一个密封的容器中，并向其中泵入空气，直到压力达到每平方英寸 300 磅，那么温度能达到 14000 度，超过了同等面积的太阳的热量。

在《火、热量和燃料》一章中，你已经看到了一些可以用原始人所能控制的普通温度来实现的奇迹；但是，随着温度变得越来越高，可以用它来创造的奇迹也越来越多，一些从来没有被分解过的化合物可以分解成各种物质和元素；但是更有价值的是，元素和物质可以结合起来，形成新的化合物，这些化合物是大自然在它的实验室里从未制造过的，也是人类以前从来不知道的。

英国科学家汉弗里·戴维（Humphry Davy）在1800年发明了第一盏电弧灯，他将两块木炭和一块电池连接起来，把两块木炭相互接触，它们之间会形成一道拱形的耀眼白光。第一个电弧炉和电弧灯的原理完全相同，但是更加精密。宾夕法尼亚大学的化学家罗伯特·黑尔（Robert Hare）博士不仅被认为在19世纪早期制造了碳，还被认为把木炭变成了石墨，分离了磷，从各自的化合物中获得了金属钙，并制造了电石。

电石是如何制造的。——在《植物是如何生长的》一章中，我们解释了乙炔气体是如何制造的。乙炔气体曾经用于汽车照明，现在大量用于氧乙炔焊接。在制造乙炔气的过程中，电石被一滴一滴的水分解，现在让我们来看看电石是怎样制造的。

钙是一种金属，它是构成地壳的第5大丰富的元素；然而，它很少为人所知，因为它总是与其他物质结合在一起，通常存在于石灰石、大理石、石膏和白垩中，它的名字来自calx，这是拉丁文中白色的意思，意思是石灰。它是一种类似铝的白色金属，但非常柔软，可以用手指揉捏。金属钙是由氯化钙在石墨坩埚中熔化并通过电流得到的，因此，它

标准局使用的 500 磅容量的高温炉

本身就是一种电弧炉产品，虽然它是一种元素。

电石是将焦炭和生石灰加热制成的，即电弧的热量使焦炭中的碳和生石灰中的钙结合，形成电石和一氧化碳，在电弧炉中产生氧化钙。一氧化碳是一种气体，它可以被释放到空气中。电石是一团晶体，这些晶体纯净的时候是无色的；通常情况下，碳化物只有在质量较好的情况下才会呈淡红色，而在质量较差的情况下会呈灰白色。

在电弧炉中制造电石一直是实验室里的实验，直到发明了直流电机。然而，直到尼亚加拉瀑布的大型水电站廉价发电，电石才开始大规模的商业化生产。大规模生产电石的过程包括将焦炭和石灰分解成与炉煤差不多大小的碎块，然后倾倒进电弧炉。这是一个大约 6 英尺高的钢板盒，还有法兰轮毂使它可以在轨道上运行。电极是由石墨制成的，安装后可以直立放置在炉子里。当电弧产生的热量达到 3500 摄氏度时，碳和钙结合在一起，形成一个液体团；现在电极被从盒子里提出来，盒子被卷走，另一个装有焦炭和石灰的盒子被放进去。这样，相同的电极就可以连续使用，而且不会浪费时间等待电石冷却。

碳化硅是如何制成的。——现在，如果以粉碎的石英或沙子的形式使用二氧化硅代替钙，并将其与焦炭混合，在电弧炉中达到足够高的温度，它们就会结合并形成碳化硅，这是一种由硅和碳组成的化合物。这种由晶体构成的物质比金刚砂硬，几乎和钻石一样硬。因此，它是一种优良的研磨材料，几乎可以取代普通的磨石和金刚砂砂轮。

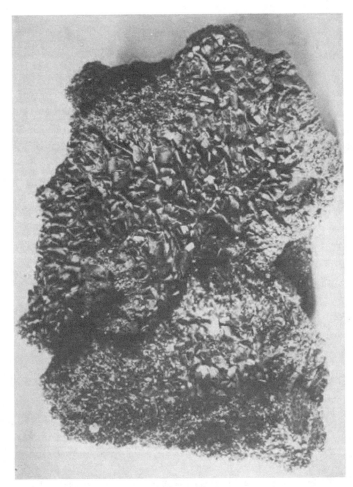

金刚砂晶体

产自尼亚加拉水电站。

现在，碳化硅在美国以 carborun-dum 的商标名称而闻名，而在加拿大，碳化硅被称为 carbolon。虽然，黑尔是第一个制作金刚砂的人，但他既不知道自己制作了什么，也没有给它起个名字。事实上，直到1885年，考尔斯兄弟（Cowles Brothers）才在电弧加热的炉子里制造了碳化硅，电弧的电流来源是发电机，但是，他们也不知道自己所生产的化合物的确切性质。

下一个解决这个问题的人是 E·A·艾奇逊（E. A. Acheson），他第一次制造出的碳化硅规模相当小。他把一对石墨电极放在一个罐子里，在周围填满沙子和木炭，然后用发电机连接电极，接通电流。大约24小时后，他关掉了电源，取出电极，发现上面覆盖着黑色、钢蓝色和深黄色的晶体，这些晶体是自然界从未产生过的，它们像一等光泽的钻石一样反射光线。他以每盎司近50美分的价格出售这些水晶，并尽其所能找到了市场。不久，他开始利用尼亚加拉瀑布产生的廉价电力大量生产碳化硅，因此能以每磅几美分的价格进行销售。

用于生产碳化硅的熔炉是用砖砌成的，没有砂浆，大约5英尺高，6英尺宽，16英尺长。电极是巨大的碳棒，纵向安装在熔炉中，在它们之间夹着一层焦炭，焦炭通过传导加热周围的电荷。在它的周围放置了由沙子、焦炭、锯末和少量盐组成的填充物。锯末的作用是使填充物多孔，这样一氧化碳就可以很容易地逸出，同时加入盐使电荷更容易熔化。当沙子中的硅与焦炭中的碳结合，生成碳化硅和一氧化碳时，电流被打开，填充物被加热到 3500 摄氏度。

其他硅产品。——除了碳化硅以外，还有其他几种电弧炉产品是用砂子与其他物质熔合而成的。其中之一是硅氧烷，它由沙子和两倍于其重量的煤混合而成。由于它不受高温的影响，所以被用于衬里炉。另一种形式的金刚砂是由硅蒸汽通过碳管后转化为硅。这种化合物主要用于必须加热到高温的电阻器。

此外还有硅化物。——具有蓝白色调的化合物，看起来像金属。为了制造其中的一种，要将沙子、碳和碱土金属的氧化物混合在一起，在电弧炉中熔化。还有一种电弧炉物质是刚玉，它是一种人造金刚砂，由含量为 60% 的氧化铝矿石和高温下的碳熔合而成。随着物质的冷却，就会有晶体形成，这些晶体经过粉碎和焙烧，去除可能残留在其中的任何金属颗粒，然后制成砂轮。

石墨是如何制成的。——碳是构成地壳的最丰富的元素，它不仅存在于各种岩石中，还构成了自然界中一半的植物。虽然，碳是一种元素，但并非所有的碳都是一样的；碳有三种截然不同的形式——金刚石、石墨和所谓的无定形碳，这意味着它没有结晶。金刚石是由高温和高压结晶而成的纯碳，是已知的最坚硬的物质。石墨，或者有时被称为黑铅，因为它会像铅一样在纸上做记号，并用于制作铅笔芯。它也是碳的一种结晶形式，但它与钻石完全不同，因为它非常柔软，非常薄。因为，它特别柔软和光滑，所以，被用来润滑机械，在某些情况下，它比用油润滑的效果更好。法国化学家莫瓦桑（m.Moissan）发现，无定形碳可以变成钻石或石墨。他在电弧炉中制造钻石的过程可以在《人造钻石和其他宝石》一章中找到。

在电弧炉中制备碳化硅时，电极之间的核心形成石墨，这是填充物最热的部分，这就导致了石墨的大量生产。在这种制造石墨的方法被发现之前，几乎所有的石墨都是从泰孔德罗加、纽约、布兰登、和斯特布里奇的矿床中获得的，但是电弧炉产品优于自然界制造的产品，而且数量没有限制。

石墨的生产方式大致是这样的，尽管化学家们还没有确切地了解反应是什么：碳化硅被高温分解，其中的硅被释放为蒸汽，碳沉积为石墨。在尼亚加拉瀑布制造石墨的电弧炉大约有 2 英尺高，2 英尺宽，30 英尺宽，两端都有一定数量的电极。把沙子和无烟煤（硬煤）一起磨碎，装进这个炉子里。由于煤不能导电，所以，在炉子两端的主电极之间连接着一根直径较小的碳棒，当电流打开时，它就会变热，因为它为电流的通过提供了阻力；反过来，它又加热煤，使其成为导体。

电流可以持续 20 小时通过填充物，运行期间的温度大约为 8500 摄氏度。电弧炉中使用的石墨电极与上述松散石墨电极的制作方法相同，只不过填充物是由石油、焦炭和沙子组成的，这些物质被模制成各种尺寸的棒。把棒放在炉子里，电流会把棒子转化成石墨电极，棒就会被烘烤。

　　磷是如何形成的。——磷以磷酸钙的形式存在于所有动物的骨骼中，通常被称为石灰磷酸盐，数量相当可观。虽然，这种元素是一种致命的毒物，但它的许多化合物都是最有益的。在过去，人们加热骨头，将骨头变得白热，骨头中的动物物质就会燃烧出来。为了从其中提取钙，人们会用硫酸处理它们，然后用碳将其加热到高温，纯磷就会蒸发，人们会收集蒸汽并将其凝固。

　　现在，磷是在电弧炉中由骨灰或矿物磷酸盐制成的。无论使用哪种材料，都会将磷酸盐与沙子和木炭混合，然后放入电弧炉；电弧产生的高温将填充物转化为磷蒸汽、一氧化碳和熔渣。磷蒸汽会被收集并凝结成固体；一氧化碳因为是一种气体，所以会被排出，而炉渣则顺着水流流走。

　　二硫化碳是如何形成的。——这种化合物是一种易挥发的无色液体，气味难闻，燃烧起来像汽油。50 年前，它唯一的用途是用来填充用于太阳光谱实验的空心玻璃棱镜。自那时以来，它的用途有了很大的扩展，现在主要用于杀灭昆虫和啮齿动物，作为橡胶和硫黄的溶剂，以及用于制造人造丝。

　　美国化学家爱德华·泰勒（Edwardr.Taylor）是第一个在电弧炉中制造二硫化碳的人。他设计生产的炉子不同于之前描述的炉子，它由一个直径约 16 英尺、高约 40 英尺的类似烟囱的装置组成。炉料由木炭和硫黄组成，炉内填充第一层煤粉，而硫黄则从顶部进入。在靠近炉底的地方安装一对水平电极，当电流接通时，电弧的热量使木炭（碳）和硫化物熔化，当碳和硫化物结合在一起时会产生二硫化碳和硫蒸汽。二硫化物蒸汽通过木炭上升，并通过顶部附近的管道进入冷凝室，在那里被冷却成液体。

电弧炉炼碱。——这是一个大量生产氯和烧碱的新工序。你会记得，当氯气不用于战争行动时是一种很好的气体，而苛性钠，其化学名称是氢氧化钠，主要用于利用脂肪中制造肥皂，用于漂白，准备纸浆和其他用途。在电解池中制造氯和苛性钠的过程中，我们的老朋友氯化钠，也就是食盐，被加热直到分解。

在这里放置一个碳电极，叫作阳极，电极上连接着负载发电机正电的导线；另一个电极被称为阴极，由熔化的铅制成，电极上连接着负载发电机负电的导线。电池是不透气的，在阳极上方有一个出口供氯排入容器室。通电时，氯化钠被分解，氯会离开，而钠作为一种金属，会与熔化的铅混合形成一种合金。

随后，熔化的合金会流入电池的另一部分，在那里它会受到一股蒸汽的冲击，与钠发生反应，形成苛性钠和氢的溶液。苛性钠比熔化的铅轻，它会通过一个阀门抽出，当铅再次回到燃烧室时会成为阴极，而被释放的氢则通过一个出口排出。

金属钠的制造。——为了大规模生产金属钠，设计了两种不同的电弧炉工艺，从而降低了成本。第一个是卡斯纳法，之所以这么叫是因为它是由纽约布鲁克林的 H·N·卡斯纳（Castner）提出来的。在这个过程中，当金属钠向上漂浮通过熔化的溶液时，电流的作用使处于熔融状态的烧碱分解。在阿什克罗夫特工艺过程中，熔炉由两个管道连接的独立罐组成。熔化的氯化钠（普通盐）通过铅阴极分解，与制碱时一样与其形成合金。熔化的合金流过管道进入第二个容器，在那里与熔化的烧碱接触。同样，当熔化的钠在阴极释放出来，在阳极产生苛性钠时，苛性钠又被电流分解。

电弧炉冶炼与精炼。——电弧炉被发现对冶炼各种矿石和精炼各种金属非常有用。锡矿冶炼炉由两部分组成，可以用螺栓连接，也可以拆开。此外，它还配备了像枪一样的耳轴，这样它就可以旋转四分之一圈。这样，当矿石被熔炼时，炉子就可以立在出口的顶部，并且可以翻转，这样当锡在一边时，就能倒出来。炉子的两侧安装着两个巨大的石墨电极，它们与一个产生电流的发电机相连。

在从低质钢中制取优质钢方面，电弧炉具有很大的应用价值。用于这个目的的最著名的炉子是由法国的埃罗特（Herault）发明的，这是一个钢壳炉，内衬耐火砖，再进一步内衬一层厚的白云石，这是一种矿物，主要由碳酸钙和菱镁矿组成，是山脉的重要构成成分，特别是瑞士的阿尔卑斯山脉。这种炉子很有用，因为最高温度对它几乎没有影响。

在这个碗状的外壳中放着要精炼的低档钢，内衬耐火黏土的顶部固定在上面，让电流通过石墨电极，这些钢材将被精炼。由于低档钢含有硫和磷——正是这些元素使其易碎，它们与包含在白云石中的基体——氧化镁和石灰相结合，在电弧的高温下形成熔渣，使钢处于非常纯净的状态。这种富含磷的炉渣可以用来制造肥料。

第十八章　人造钻石和其他宝石

　　早在我们今天所知道的化学诞生之前，就有人把铅和硫黄熔在一起，并把它们与盐和水银混合在一起，寄希望于从混合物中提取出黄金。这些古老的实验者被称为炼金术士，虽然，他们没有发现将廉价的金属转化为黄金的技术，但他们所发现的东西最终促成了现代化学的出现，这对人类来说比从地球上或将来从人类未来的技术中获得的所有贵重金属更有价值。炼金术士并没有白活。

　　在化学成为一门科学之后的许多年里，那些从事化学研究的人几乎把他们的所有精力都用在了分解物质和研究构成它们的元素上，也就是说，他们花了很多时间来分析这些物质。通过这种方法，他们知道了各种矿物质、植物和动物物质是由什么元素构成的，以及构成每种物质分子的每种元素的原子数。但是，就提取某些元素，使它们的原子以适当的比例结合，形成新的或旧的物质而言——好吧，这种方法总体上有点太像古代炼金术士的策略了。

因此，直到最近 25 年，化学家们才开始致力于使各种元素的原子按照自己的意愿结合，从而形成自然界已经制造出来的物质，或者可能是自然界从未制造出来的物质。为什么化学家想要创造这些现代奇迹呢？答案是，对于那些稀缺的、不纯净的或者昂贵的，或者兼具这些特点的物质，我们可以有一个更纯粹、更充足或者更便宜的供应。把各种元素所需的原子数目结合起来制造不同物质的过程称为合成化学。

钻石由什么构成。——很久以前，化学家们就了解到，钻石是由经过高温和高压结晶的纯碳组成的。在对碳这种元素进行实验时，他们发现石墨可以由木炭制成，普通的煤可以变成气态碳，金刚石可以变成焦炭。他们进一步发现，所有这些形式的碳在露天加热时都与同样数量的氧结合，最后，每种碳都可以变成木炭。

你们应该记得，碳是地壳中含量最丰富的元素之一，但是钻石，这种晶体，是最稀有的物质之一。同样，这三种物质都具有各自的性能和特点，所有的石墨都触感柔软，易于结晶；木炭和其他碳形式的物质或多或少都是硬的和不透明的，而钻石是所有已知物质中最硬的和透明度很高的。钻石主要在巴西、南非和婆罗洲开采，而在佐治亚州和北卡罗来纳州也发现了一些。

无论在哪里发现它们，它们都会被一层致密的棕色外壳覆盖，就像榛子的外壳，看起来非常像鹅卵石。为了取出钻石，你必须打破外壳，就像你必须打破坚果的外壳才能取出果仁一样。钻石本身通常是圆形和透明的，大多数是浅色，通常是淡黄色，虽然有些是蓝白色，而其他的是棕色和黑色。偶尔也能找到一颗完全透明、无色、没有瑕疵的钻石，这种钻石被称为像一等光泽的钻石，因为它看起来非常像一滴最纯净的水。

在一颗钻石将它的美丽发挥到极致之前，它必须被切割，也就是说切面必须被打磨，而这是用钻石粉末实现的；这些钻石粉末要么太小，要么太大，有太多的瑕疵，不能作为宝石出售。为了切割钻石，必须将钻石镶嵌在一小块铅中，然后将其固定在一根棍子的末端。钻石要被固定在一个旋转圆盘的表面上，圆盘上覆盖着混有油的钻石粉末。当钻石被切割时，它有许多平面，被称为刻面，这些刻面使光线发生折射，让钻石发出耀眼的光芒，并呈现出各种各样的颜色。

在电弧炉里制造钻石。——现代化学家在制造钻石方面的努力与炼金术士在从铅中提炼黄金方面的努力是一样的，前者的成功只是略胜一筹。虽然，纯净的钻石是由碳组成的，但是，目前还没有发现任何方法可以使它们大到具有作为研磨剂的商业价值，更不用说作为装饰品了。早在半个世纪以前，当电池刚刚问世时，化学家们有时会在通过电流的各种碳化合物中发现钻石，但是它们太小了，需要用显微镜才能看到。

自发明电机以来，法国化学家亨利·莫伊桑（Henri Moissan）于1894年首次尝试在电弧炉中生产钻石。他非常仔细地研究了大自然制造钻石的方法，发现它用的方法是将碳加热到非常高的温度，然后在巨大的压力下使其冷却。因此，莫伊桑建造了一个小型的电弧炉，炉壳是铁制的，他在里面放置了一块几乎不受高温影响的石灰石。他还在石灰块的中间挖了一个洞，使其刚好够容纳一个小石墨坩埚，再在石灰石上放一个直径 1 英寸，长 12 英寸的石墨电极。这样当电流接通时，就会直接在坩埚口形成电弧；再把用石灰板做成的盖子放在炉子上，这个设备就完成了。

接下来，他又用最纯净的瑞典铁粉和等量的粉末木炭制成了混合物，木炭由糖制成，以确保其纯净。他把混合物放进坩埚里，再把坩埚放进熔炉里。然后他接通电流，释放电弧，后者在 500 伏特（电压）下需要1000 安培（电量）。因此，电弧所消耗的功率大约等于 670 马力，这就把坩埚中的电荷加热到大约 6000 摄氏度。

这种巨大的热量很快使铁熔化，使其与熔化的碳一起处于高度流动的状态。为了使碳在压力下结晶成金刚石，要使熔融的物质突然掉入冷水中。由于铁首先在外面凝固，内部向外膨胀，对碳施加了巨大的压力，就把它变成了真正的钻石。

接下来要做的就是把钻石从铁中提取出来，这是通过用盐酸溶解铁来完成的。这样就在钻石周围形成了一层粗糙的碳涂层，然后用王水（硝酸和盐酸的混合物）去除。这样制造出来的钻石几乎不能用肉眼看到，但是它们是真的，可是无论是作为研磨剂还是作为装饰品，它们都不具备商业价值。制造任何大小的钻石都是化学家的杰出成就，因为它不仅需要极高的温度使碳液化，还需要巨大的压力使其结晶。然而，制造像在金伯利矿场发现的钻石那样纯净和大小的钻石，使每个人都可以随心所欲地佩戴它们，只是时间问题。

制造合成祖母绿。——除了钻石以外，还有真正珍贵的宝石——祖母绿、红宝石和蓝宝石，所有这些宝石都以其硬度、颜色和光泽之美而著称。现在有一种叫绿柱石的矿物，而祖母绿是它的一种非常纯净的品种。这种宝石有一种美丽的绿色，能够买得起它的古人会佩戴它，不仅因为它美丽，还因为人们相信它可以预防和治疗疾病。历史上，尼禄皇帝戴过一个用翡翠制成的眼镜，以便更好地看清远处的物体。

因为完美的绿宝石很少是天然制造的，所以，那些没有瑕疵的绿宝石和同等质量的钻石一样昂贵，因此，合成祖母绿对于化学家的吸引力不亚于制造钻石。从技术角度看，这个过程似乎比较容易解决，因为无须高温，但是那些在实验室里制造出来的东西太小了，没有任何价值。首先，祖母绿是一种硅酸盐，即由硅酸铝形成，而硅酸铝又是由铝、硅和葡萄糖组成的化合物。众所周知，铝是一种金属，硅和葡萄糖是碳和硼的元素，而宝石的亮绿色是由其中存在的铬发出的。

由于翡翠是由与钻石非常不同的物质组成的，因此，需要一个不同于制造钻石的过程来生产它。1890 年，两位化学家——霍特 - 费耶尔（Haute- Feuille）和佩里（Perry）发明了一种制造合成祖母绿的方法，首先是制备二钼酸锂溶液。锂是一种非常轻的银白色金属，就像钠和钾一样，而二钼酸盐是一种黄色粉末，由加热的钼酸盐制成，钼酸盐是金属钼的硫化物。

接下来，他们将硅酸铝和葡萄糖酸盐溶解，这些化合物在天然翡翠中的含量与在二钼酸锂中的含量完全相同，然后加入微量的金属铬使宝石呈现绿色。这种溶液被加热到 400 摄氏度，并在这个温度下持续保持两周，直到美丽的小绿宝石从中结晶出来。

如果绿宝石能够大到足以与现在从地球母亲那里获得的宝石竞争，那么，人们也有可能以同样的方式生产海蓝宝石，因为这两种宝石都是由相同的基本硅酸盐构成的，它们之间唯一的区别是前者是绿色的，而后者是蓝绿色的。

氢氧炉法制备红宝石和蓝宝石。——我们现在看到的这类宝石与钻石和绿宝石一样昂贵，它们是红宝石和蓝宝石。最有趣的是，这些最后命名的宝石是按商业规模制造的，它们和最优质的天然宝石一样大、一样完美、一样美丽。

在前一章中，我们讨论了碳化硅，以及它是如何在电弧炉中制造，并用来代替金刚砂磨削和抛光金属的。金刚砂是一种天然产物，是一种被叫作刚玉的颗粒状矿物，刚玉又是由氧化铝形成的，氧化铝是仅次于钻石的最坚硬的物质。巧合的是，氧化铝也是组成红宝石和蓝宝石的主要物质。金刚砂是含有杂质的氧化铝结晶，而红宝石和蓝宝石是氧化铝结晶，其中除了有微量的着色物质外，绝对纯净。使氧化铝结晶所需的热量不如使碳结晶所需的热量大，因此，在制造红宝石和蓝宝石时，用的是氢氧熔炉，而不是电弧炉。

氢氧吹管是如何制造的。——氢氧吹管是一种设备，其结构使得氢火焰能够在一股氧气中燃烧。这种类型的吹管是由费城的罗伯特·黑尔博士发明的，他在1801年制造并使用了第一个吹管，还用它熔化了锶——一种很像钙的金属，并蒸发了熔点很高的铂。当氢气和氧气混合（不结合）时，它们具有很强的爆炸性，因此，为了在氧气中燃烧氢气，坚决不能让这些气体在到达火焰发生的喷射点之前混合。

要做到这一点，需要一种特殊的喷嘴。最简单的形式是由一根小管子组成，氢气在压力下的作用下通过管子，管子周围还包着一根管子，氧气在压力的作用下通过这根管子。这些气体被压缩在单独的钢瓶中，并通过橡胶管连接到各自的氢气和氧气进气口。氢首先流过喷射器，然后被点燃，再打开氧气，就会产生一种固态的、几乎无色的火焰，其温度大约为6800华氏度。在这种温度下，一个手表的发条会燃烧起来，铂这种最难熔化的金属也很容易变成液态。

当氢氧火焰对准某种既不会燃烧也不会熔化的物质——生石灰，也就是氧化钙时，火焰击中的地方会被加热到足以发出耀眼的白光。这种光因这种物质的用途而被称为石灰光，或者钙光。这种光最初是由德拉蒙德（Drummond）产生的，在早期，它通常被称为德拉蒙德之光。在电弧灯普及使用前，通常在反光镜前设置石灰灯用作舞台照明的聚光灯，以及用作投影屏幕的立体光学器材。

另一种用途广泛的装置是氧乙炔吹管。你会记得在前面关于电弧炉产品的章节中，当氧化钙在电弧炉中与碳化钙一起加热时形成了电石，而且，你还会记得在关于好的气体和坏的气体的章节中，我们解释过当水与电石接触时，会释放出乙炔气体。现在，当用乙炔气代替氢气在吹管中并在氧气射流中燃烧时，它产生的火焰比氢氧吹管产生的火焰高1000度（约为7900华氏度）。所谓的氧乙炔喷枪是用来切割钢材的，尤其适用于将有钢梁和钢柱的建筑物夷为平地。一个氧乙炔火焰可以以每分钟近1英尺的速度把1英寸厚的钢板切成两半。

氢氧加热炉的制作。——现在我们回到红宝石和蓝宝石的制作上来。奇怪的是，尽管氧化铝在19世纪早期就被氧化氢吹管熔化了，但是直到将近100年后，人们才认为有必要研究这样形成的物质的内部。结果表明，这种晶体与红宝石和蓝宝石具有相同的性质。然后又过了几年，法国的M.Verneuil（韦尔讷伊）才发明了氢氧炉。在氢氧炉中，氧化铝通过直吹管的火焰连续不断地落下。

韦尔讷伊熔炉由底座组成，底座上安装有一个带有螺旋调节装置的支架，以便升降。支架上有一根蜡烛大小的陶瓷棒，上面有一个像铅笔尖一样的锥形顶端。在支架和杆上面是炉膛，它由一个直立的杆固定在底座上，顶部是吹管的喷嘴，而另一端是一个漏斗形的盒子，其中有一个筛子里装有氧化铝。

盒子的下端连接到一根细金属管上，金属管的上端有一个入口，用来吸入氢气，而喷射装置则在其下端。在氧化铝下落的氢气管周围是第二根管，它的顶部有一个入口，用于吸收氧气，在底部有一个出口，这样氢气火焰就可以在其中燃烧。当吹管点燃时，火焰的顶点直接击中陶棒的末端。最后，在支撑杆的顶部固定一个像电铃一样的敲打装置，该装置由电池连接和操作。用这种熔炉可以生产出令人满意的红宝石和蓝宝石。

如何合成红宝石和蓝宝石。——由于红宝石和蓝宝石都是由氧化铝形成的，因此，制造它们的方法完全相同。最好的红宝石是那些有鸽子血颜色的，当这些红宝石足够纯净，并且重达两克拉或更多时，它们的价值通常是同等质量的白色钻石的 10 倍。为了制作鸽血红宝石，你需要在炉子顶部盒子里的筛子里放入一些含有氧化铬的氧化铝。氧化铬是一种绿色的粉末，然而奇怪的是，这种粉末赋予了宝石红色。

完成以上操作后，点燃氢氧喷射装置，当一股细小的填充物开始通过内管落下时，就会启动电开关；当填充物到达喷口时，就会穿过喷口和火焰，当它熔化并落到陶器棒的末端时，就会在那里形成一个小小的梨形物体，或称为"boule"。这是一个结晶的大块，可以像真正美丽的红宝石一样切割，曾经在远近闻名的缅甸开采。

合成蓝宝石的制作方法与红宝石完全相同，只不过在宝石中加入了少量的氧化钛与氧化铝，使宝石呈现出特有的蓝色。其他颜色的宝石——普通人只有在韦尔讷伊提出他的方法之后才能看到的那种宝石——可以很容易地用其他金属盐为它们着色，或者，更奇妙的是，可以生产出完全无色的蓝宝石，被称为白色蓝宝石。

在氢氧炉中制造这些宝石最不可思议的一点是，只需要半个小时就可以制造出一个重达 30 克拉的圆球，而且从这两块石头中，每一块都可以切割出 6 克拉钻石。此外，一个操作员可以操作 10 个甚至更多的熔炉，所以，劳动力和原材料都很便宜。当我告诉你，每年能够生产 600 万克拉的蓝宝石和 1000 万克拉的红宝石时，你可以大致了解合成宝石产业的规模。但是，这些宝石无论多么纯净和美丽，都不能像东方宝石那样卖出高昂的价格；相反，每克拉钻石的价格从四分之一美元到 5 美元不等，每个人都买得起。

第十九章　现代奇迹——镭

如果有这样一种燃料，你可以把它放在炉子里，不用燃烧就可以释放出足够的热量，不仅可以做一顿饭，甚至可以做 1000 顿饭，然后它的大小和刚开始时一模一样，你会对这种燃料有什么看法？好吧，我们必须承认这是不可能的，虽然，这不是因为我们没有这样的燃料，而是因为我们无法一次得到足够的燃料。这种燃料叫作镭。

在居里夫妇发现镭后不久，人们发现其中一小部分放出的热量足以在一小时内将同等重量的水从冰点加热到沸点。据说，10 磅镭产生的热量足以保持足够的蒸汽来驱动一个马力的发动机，就算不是永远也相差无几了。但是，世界上没有 1 磅纯镭；事实上，自从它被发现以来，它的提取量还不到 1 盎司；即使有，也不能用作燃料，因为它既昂贵又危险。

镭是如何被发现的。——现在我们来看看这个奇妙的元素是什么，以及它是如何被发现的。自从德国的伦琴教授发现 X 射线以来，已经将近 30 年了。X 射线是一种能够穿过木头、皮革和肉体，却能被金属、骨头和其他高密度物质阻挡的奇特射线。这些光线像光波一样，能够影响感光板，因为它们和光波一模一样很短，肉眼看不见。

X 射线刚被发现，各地的科学家就开始测试磷光体、稀土和矿物质，以确定这些物质是否会产生类似的波。在 X 射线被发现大约 1 年后，巴黎的贝克勒尔（Becquerel）教授发现，某些铀盐（一种主要存在于自然界中被称为沥青混合物的矿物中的金属）释放出的射线能够透过纸张和其他一些不透明物质，但是穿不透金属。这些射线能够影响感光板，被称为贝克勒尔射线。

两年后，也就是 1898 年，施密特教授和居里夫人发现了钍元素的盐，它主要存在于矿物钍中，释放出的射线和铀完全一样，然后居里夫人对大量的金属、稀土矿物、元素和化合物进行了调查，在混合的沥青中发现了铀，并发现其中释放出的射线比单独的铀要活跃得多，强大得多。居里夫妇确信在沥青混合物中还有其他一些元素产生了这些非常活跃的射线，于是他们进行了一系列的化学反应，最终从沥青混合物中分离出两种具有放射活性的元素。然后，在 1899 年，德比恩（M.Debierne）在沥青混合物中发现了另一种放射性元素，他把其命名为锕。

镭是如何被提取出来的。——但镭是最受关注的，因为它比钋和锕都活跃得多。由于 1 吨沥青混合物中只有六分之一盎司的镭盐，因此，提取它绝非易事。为了做到这一点，要先从沥青混合物中分离出铀，然后依次用热烧碱、盐酸和热碳酸钠，也就是苏打水处理沥青混合物。现在，残留下来的固体物质中含有碳酸镭和碳酸钡的混合物，还有一些铅、钙、钋和铷。当氯化镭和氯化钡单独存在时，再通过进一步的化学操作除去氯化钡。由于氯化钡比氯化镭更容易溶解，所以，当只剩下氯化镭时，氯化钡就会结晶出来。

但是，氯化镭是镭的一种盐，直到几年后居里夫人才能从氯化物中分离出镭。她的方法是使用电解过程，阴极由汞形成，阳极由铂铱形成，溶液是氯化镭。当电流通过溶液时，溶液被电解，当纯金属镭与汞形成汞合金时，就沉积在阴极上。然后，将阴极放在电弧炉中的铁坩埚中加热，在其上流过一股纯氢电流。当热量驱散了所有的水银后，在坩埚里还残留着一点白色的硬金属，那就是纯镭。

镭的一些性质。——镭是一种纯金属，具有银的颜色和光泽，当它不暴露在空气中时不会失去光泽，但当它接触到空气时，它明亮的金属光泽就会消失。把一点镭投入水中，它就会迅速分解。激光不仅能穿透某些不透明的物质，还能作用于照相底片上，而且能连续不断地发出光和热。居里夫人和拉博德先生（M. Laborde）发现，镭总是比周围空气的温度稍微高一点，这意味着镭不断地散发热量。当这些化学家第一次获得镭的样品时，他们就知道了这一点：一粒镭掉在一张纸上，不仅把纸弄黑了，还把它碳化了。

纯镭很少被使用，不过通常作为盐使用，被密封在一个小玻璃管中。在这种情况下，它看起来就像普通的盐，但是如果你把它放到黑暗中，你会看到它像磷一样发光。它的另一个显著特性是，当它与其他化合物接触或者混合时，能使它们发光。因此，如果镭靠近钻石，钻石就会发出柔和的光芒；同样，如果它靠近硫化锌，硫化锌就会发出明亮的磷光；如果你用低倍显微镜观察硫化锌，你会发现光芒是由微小的闪光引起的，镭离硫化锌越近，闪光就越明亮。这个奇特的现象是由威廉·克鲁克斯发现的，他建造了一个叫作闪烁镜的小仪器，用来最大限度地展示闪光。

发光材料的用途。——只要把最少数量的镭粒子混合在一起，就能使相当数量的硫化锌发光。这种物质现在主要用于制作发光的手表面，它的用途正在被广泛扩展，比如将镭材料喷涂在机械、汽油表和汽车其他部件的危险点、电开关、火警报警器、安全组合和其他物体上。

如何辨别放射性物质。——镭的另一个奇怪的性质是，它的射线能使空气成为静电的良导体，因此，如果将它靠近带电体，后者将立即失去电荷。有一个简单的小仪器叫作金箔验电器，它由几片大约 1 英寸长的金箔组成，每片金箔的一端都连接到黄铜棒的一端。黄铜棒的自由端穿过一块硬橡胶，带有金箔的一端放入一个宽颈玻璃瓶中，瓶颈上固定着一块橡胶，就像软木塞一样。

当用静电机给验电器的金箔充电时，因为它们充的是同种电荷，所以它们会分开，并一直保持这种状态，直到它们上面的电通过黄铜棒漏到空气中。如果空气是完全干燥的，它们会在很长一段时间内保持充电，但如果空气是潮湿的，电荷很快就能传递到空气中，因为干燥的空气是绝缘体，而潮湿的空气是导体。

然而，当镭或者镭盐，或者任何其他具有放射性的化合物接触到验电器上的铜棒上时，空气就会立刻被电离并导电，验电器的金箔就会迅速放电并闭合。因此，验电器提供了一种简单的方法来判断一种物质是否具有放射性，以及它的放射性程度。

镭对人体的作用。——在镭被发现后不久，人们就发现，如果把一点镭放在人体的任何部位附近，它就会像 X 射线一样把人体穿透。进一步的大剂量实验表明，它会造成非常严重的伤口和溃疡，几乎不可能治愈。但如果适当应用，它对癌症和其他恶性肿瘤具有决定性的治疗作用，今天的镭最为人所知的是其疗效，几乎每家医院都有自己的小镭盐管。

镭射线的种类。——镭盐对感光板产生热量、发出磷光、使空气电离并引起溃疡和愈合的作用，是由于它们发出的射线引起的。现在已经发现，这些射线由 3 种不同的射线组成，它们被称为 α 射线、β 射线和 γ 射线。

卢瑟福教授把这些不同的射线分开，他把一点氯化镭或者其他镭盐放在一块放在水平面上的杯状铅片的中空部分，然后让一块磁铁与它成直角。磁铁使 α 射线偏离了直线路径，使得 β 射线像 α 射线那样弯曲，只不过弯曲程度更大，方向相反，而 γ 射线则直线上升和射出。

α射线由氦原子组成，每个氦原子都带有正电荷。这些原子以每秒 20000 英里的速度运动，比光速快十分之一多一点。镭产生的热量是由 α 射线的原子与自身碰撞而产生的，当 α 射线撞击到硫化锌这样的物质时，就会使其发光。而 β 射线是一种非常小的物质粒子，它总是带有负电荷；这些射线偏离了它们的自然轨道，它们会撞击并影响放置在装有镭的铅杯下面的感光板。它们的速度大约是每秒 10 万英里，或者说是光速的一半多一点。

伽马波不受磁铁影响，在这方面它们非常像 X 射线，但是它们穿透物质的能力比 X 射线大得多。这些射线被认为是由于 β 射线的作用而形成的，β 射线存在于恒星内部，与恒星内部的盐发生碰撞，形成了恒星的一部分。在实验和其他目的中使用镭盐时，并没有试图将这三种不同的射线分开，而是把它们合在一起使用，以达到预期的效果。

镭发生了什么。——在镭被发现之前，我们被告知，所有的元素自宇宙诞生之日起就已经存在，它们不会以任何方式被改变，而且它们会一直存在。现在镭是一种元素，它并不总是镭，而是正在慢慢地但肯定地转变成其他元素。因此，我们又回到了旧时炼金术士的观点，认为一种元素可以变成完全不同的元素，于是人们重新燃起了希望，认为较低级的金属，或者它们的等价物，可以变成黄金。

我们不仅知道镭的祖先是铀，还知道镭正在慢慢地变成其他元素，其最终产物是铅，而且，这种金属在一定程度上具有放射性；据伦敦的马丁教授说，这表明所有其他元素都在转变成其他元素，尽管变化的速度非常缓慢，迄今还没有找到实际证据来证明这一点。幸运的是，镭转化为其他元素的速度非常快，所以，有可能显示出正在发生什么。

如前所述，镭并不总是镭，它最初是铀，是所有已知元素中最重的元素。铀首先变成了铀 X1，然后变成了铀 X2，然后变成了铀 2，然后变成了电离铀，正是这种元素变成了镭。接下来，镭分裂成氦和氡；正如前面所解释的，氦是由 α 射线组成的；而氡是镭的另一部分变成氦之后发出的气体。然后，氡变成镭 A，再变成镭 B，再变成镭 C，再变成镭 D，再变成镭 E，再变成镭 F，类似金属铋，然后变成钋，最后钋再变成铅。通过上面的元素列表演变出来的铅的奇妙之处在于，它在所有方面都和普通的铅一模一样，只是它没有那么重。这样，铅就从铀中发生了转化。

铀转化为镭，再转化为铅，这是一个完全自然的过程；但是，英国的卢瑟福博士最近在放射性领域做了大量的研究工作，他已经能够人为地引起其他各种元素的转化；然而，这并不意味着现在有可能将铅或其他金属转化为黄金，但是它确实指明了有朝一日用人工方法制造黄金的途径。

克鲁克斯的闪烁镜。——单词闪烁镜来自两个希腊词，意思是"火花"和"看见"，这是威廉·克鲁克斯 (Crookes) 对他发明的一种小仪器的命名，这样就可以看到镭原子对硫化锌靶子的连续轰击。它由一根管子组成，直径约为四分之三英寸，长约 2 英寸，一端是硫化锌屏幕，另一端也是硫化锌屏幕，中心前方四分之一英寸的金属丝支撑着覆盖着镭盐的点。

管子的另一端固定着一个放大镜。现在通过镜头观察，你会看到微小的明亮光带像 11 月天空中的一群流星一样向四面八方射出。每当其中一个氦原子撞击硫化锌晶体时，晶体就会断裂，从而形成光带。如果你在黑暗中把两块方糖搓在一起，你也能看到同样的东西。

斯特拉特镭时钟。——斯特拉特镭时钟是伦敦的斯特拉特（Strutt）设计的一种奇特的仪器。在这种仪器中，验电器的锡箔被镭充电，并自动排入地下，这样它们就能像时钟一样规律地分开和闭合。该装置由一管镭盐组成，其下端分别固定在一对锡箔的一端。这个设备密封在一个较大的玻璃管里，其下部覆盖着锡箔，空气就从这里泵入。锡箔连接着一根导线，导线将锡箔和玻璃管的外部连接起来，再把锡箔焊接到一个铁棒驱动进入地面。

首先发生的是，镭的 β 射线给锡箔充正电，锡箔会相互排斥，不断分开，直到它们接触到锡箔纸；发生这种情况时，它们的电荷通过导线释放到地上，锡箔会闭合。然后镭再次给它们充电，它们分开，与锡箔纸接触，电荷释放到地上，再次闭合。如果管道中的真空足够完美，锡箔就不会磨损，接地系统得以维持，这种循环会持续上千年甚至更久。

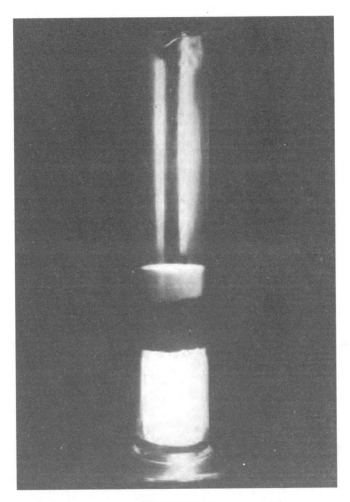

世界上镭的供应

现在已经商业化生产，但数量少得令人难以置信。白色（下面）部分是标准化学公司生产的总量（72克），黑色（中间）是其他美国公司估计生产的总量（40克），灰色（上面）部分是欧洲提炼的估计量（30克）。

第二十章　化学的魔力

在大约 100 万年前的昏暗时代，当人类刚刚从不为人知的祖先中出现时，他的智力只比同时代的类人猿[1]高一点点。他那时的生活很简单，因为他生活在现在的埃及，或者更有可能是在埃及北部的山谷里，那里现在被地中海的水覆盖。因为，这里的气候一年四季都是有益健康的，即使是现在，他也不需要衣服，他吃的食物就在手边，只需要采摘或宰杀。他是一只动物，躁动不安，精力充沛，好奇心强，时不时地会在脑子里产生一些想法。他那简朴的工作生活还没有被发明出来。

非化学家。——人类在冰河时代的岁月中不断进步，他学会了生火、吃熟肉、制作石器、用动物的皮覆盖自己、绘画和居住在洞穴里。因为，他不必做真正的工作，因为他的同胞没有什么是他没有的——也许除了

---

[1]　在外形和其他特征上与人类相似的动物。

他邻居的女儿——所以，他也过着简单而无知的生活。但是，时代在变化，随之而来的是机敏的人，或者说所谓的智人，他的观察和思考的能力比他的任何祖先都要强得多。正是他发现了轮子，发现了怎样种植食物，怎样晒皮革，怎样织布和制作陶器。但是，他那个时代最大的发现是一种沉重的红色物质，火不能让它燃烧，水不能让它变化，他可以把它锤成各种各样的形状而它不会破碎。它对他来说就像镭对我们一样美妙，但是我们现在认为它是非常普通的，因为它是金属铜。原始人开始寻找更多的这种物质，找到之后，把它做成了装饰品和工具。人类进入了一个新的时代，他们进步了，因为这是一个铜的时代，一个智力和工作都比过去稍微高一点的时代。

炼金术士。——然后，人们又陆续发现了其他金属，包括金、铅和汞，以及非金属的物质，如盐和硫。想象一下，水银这种液态金属发现时一定引起了人们的兴趣，而硫黄在可怕的灯光下会发出令人窒息的气体，熔化后又变成糖浆一样的液体，放入冷水中又会变得像橡胶一样。当人类达到这个进步的高级阶段时，其中一些成员已经拥有了许多他们都想要的东西，但是因为黄金是最稀缺的，也是最难得到的，所以，黄金是他们渴望的主要目标。

这些生活在几百年前的观察家们已经研究了自然界中的其他 4 种物质，即土、空气、火和水，他们把这 4 种物质称为元素，他们认为只要把它们结合起来，就可以制造出任何他们想要的物质；因此，他们认为硫是由空气中的火产生的；空气中的水银作用于水，水中的盐作用于地球。不过他们的大构想是，通过混合上述所谓的元素，可以获得精华，一旦得到精华，就可以加入铅中，把铅变成黄金。

这种诱人的信念很快就得到了认可，许多人在秘密实验室里工作，熔化金属，煮沸溶液，混合固体，进行各种各样的实验，他们不知道自己在做什么，但是完全知道他们想要得到什么，这就是令人垂涎的精华。每个炼金术士都有自己的将铅转化成金的配方，其中之一就是将其焙烧，也就是将其烧成灰烬，然后加入一些奇妙的精华，贱金属就能立刻变成更加精细的金属。

在头脑简单的人看来，这是可能的，因为当一大堆铅在熔炉中燃烧时，总能在烧焦的灰烬中找到一颗银珠。我们现在知道，所有的天然铅，即在自然界中发现的纯铅，都含有少量的银，在燃烧过程中可以分离出来。如果他们也知道这一点，那只会证实他们心中早已根深蒂固的想法：铅正在变成白银。很明显，人类的智力虽然没有比史前祖先有多大的提高，但是他所生活的时代却呈现出更为复杂的面貌。

随着时间的推移，近代的炼金术士做了一些非常好的工作，因为他们在思考正在研究的物质，以及如何将铅变成金子。其中，一位有思想的炼金术士是冯·霍恩海姆（Von Hohenheim），他是一位瑞士医生，出生于令人难忘的 1492 年，自称帕拉塞尔苏斯。他发现了制造鸦片酊的方法，因此对医学有益；他也是第一个制造氢气的人，这是一个真正的化学实验。

　　化学家。——第一步迈出之后，200 多年过去了，才有了第二步。这时，英国的罗伯特·波义耳研究了空气，解释了空气中的东西是如何燃烧的，以及为什么会燃烧。波义耳也证明了炼金术士的 4 种元素的想法是多么愚蠢，并解释了它们的组成，即一种不能分解成任何更简单物质的物质。在波义耳之后，法国的让·雷（Jean Ray）出现了，他证明了空气不是一种化合物，而是两种气体的机械混合物，尽管他不知道这些气体是什么。后来，英国的约瑟夫·普利斯特利发现了空气中的一种气体是氧气，法国化学家拉瓦锡发现另一种气体是氮气。正是拉瓦锡对酸、碱和盐进行了分类，他的体系至今仍在使用。他们是第一批真正的化学家。

　　1798 年，意大利科学家伏特（Volta）发现了伏打电堆，这是一种产生电流的电化学设备，电池就是从这里来的。1800 年，伦敦的汉弗里·戴维利用伏打电堆分解了水，不久之后，他又用同样的方法得到了新的金属元素钠和钾。然后在 1808 年，英国的约翰·道尔顿提出了原子理论，认为原子是极其微小的物质粒子，每个元素都是由具有完全相同重量的原子组成的，原子不能用任何已知的方法分开。道尔顿的原子的概念很容易理解，因为你所要做的就是把它想象成一个糖衣小药丸。

　　法拉第（Faraday）在 1801 年对电流和磁性作用的研究导致了感应

线圈或火花线圈的发明，鲁姆科尔夫（Ruhmkorff）在 1846 年使其达到了完美的状态，最后，大约在 1850 年，盖斯勒（Geissler）制造了一种新的空气泵，并抽出了之前充满各种气体的玻璃管中的空气。他在管子的两端密封了两根电线，将这些电线与感应线圈相连。当高压电流通过这些被称为盖斯勒管（Geissler tubes）的管子时，它们就会根据所含气体发出各种颜色的柔和的光。1879 年，威廉·克鲁克斯对气体中的放电问题进行了彻底地调查。通过一种特殊结构的空气泵，他能够将玻璃管排气到比以往任何时候都高得多的程度，因此，玻璃管中剩余的气体分子数量非常少。当高压电流作用于这些物质时，产生了新的现象，克鲁克斯宣布他发现了物质的第 4 种状态，即它既不是固体，也不是液体，又不是气体，他称之为辐射物质。他是对的，因为从高真空管，或者叫作克鲁克管的阴极中抛出的粒子是阴极射线，也就是由电子可以组成的射线，这些电子是带负电的粒子，每一个都比原子小得多。

这些阴极射线或电子流的运动速度远远高于从枪中发射的射弹，而且往往是直线运动。1894 年，勒纳德（Lenard）在管子的一端放置了一片薄铝片，通过对管子的实验，他发现阴极射线的电子可以穿过管子，第二年，伦琴发现了 X 射线。

1895 年年初，雷利公爵和威廉·拉姆塞有了一个重要的发现；这是空气中的一种新气体，他们把它命名为氩；几个月后，拉姆塞发现了另一种新气体，这是他用稀硫酸煮沸一种叫作卷云石的矿物得到的，很像氩；他称这种气体为氖，因为同样的气体在 25 年前就被扬森（Janssen）和洛克耶（Lockyer）在太阳下发现了；他们把这种气体命名为氦，这是希腊语中的光谱术语，意为太阳，这两种气体通过显微镜被证明是一样的。最后，拉姆塞又发现了两种新气体，他称之为氪气和氙气，他的方法是液化大量的氩气，让它蒸发掉，而这两种新气体因为重量更大而留了下来。

在前一章中我们讨论了其他事情，如贝克勒尔射线和镭的发现，以及贝克勒尔、居里、卢瑟福和其他伟大化学家的工作。你们已经看到，原子不是不可分割的，它实际上是由带正电的粒子组成的，正如行星围绕太阳旋转一样，电子或带负电的粒子围绕着这些粒子旋转。你们也看到这些电子从原子中飞出，当其中一些以 α 射线的形式从镭中发射出来时，就变成了氦。但是，最奇妙的事情是铀转变成镭，镭转变成铅。

现在，氢是已知的最轻的元素，原子量为 1，而铀是已发现的最重的元素，原子量为 238；它变成了原子量为 226 的镭，又变成了原子量为 224 的氦，或者说激光；再进一步变成原子量为 208 的铋，最后变成了原子量为 207 的铅。这是自然转变的极限，但是如果进一步改变，铅会变成原子量为 204 的铊，再变成原子量为 200 的汞，最后变成原子量为 197 的金。下面的表格把这些元素的原子量更清楚地放在你的眼前，你可以

很容易地看到铀变成铅的一般阶段，还有，要把铅变成黄金还需要 3 次
转化过程。

转化表

元素	原子量
铀	238
镭	226
氡	224
铋	208
铅	207
铊	204
汞	200
金	197

最近，卢瑟福用镭（氦原子）阵列轰击氮气，证明了元素的转化既
可以由化学家完成，也可以由自然界完成。当氦原子撞击氮原子时，发
生的情况非常类似两辆火车在同一轨道上高速运行，并迎面相撞；也就
是说，氮原子爆炸，碎片形成新的原子，即氢原子和氦原子。

卢瑟福不仅分解了氮原子，他还对氧原子、氯原子、钠原子、铝原
子和碳原子做了同样的事情，这些原子也产生了氢原子和氦原子。因此，
人类控制的元素的转化和自然界将镭变成铅一样确定无疑，但是，它是
在更微小的尺度上进行的，所以，根本没有说明大规模的元素转化会受
到什么样的影响；但是，法拉第让导线穿过磁场并在其中产生微弱电流
的实验，也不能说明像我们今天使用的那样，可以产生成千上万马力的

高压电流。但它指出，电流是可以设置的，正如卢瑟福的实验指出，元素的转化是可能的。我们只需要种一粒橡子和一些土壤就可以了。

在我写最后几页的过程中，报纸刊登了德国制造人造黄金的报道，但这肯定不是真的，因为在这么短的时间内，这种先进技术取得的进步过大。人造黄金不是现在的产品，但它将是未来的产品。无论如何，在化学领域还有比制造黄金和钻石更重要的事情要做，其中最主要的是制造合成食品和生产廉价而无限的能源。

多年来，科学家们一直认为，储存在原子核或任何种类的原子中的能量都是非常巨大的，现在已经知道，从激光入太空的氦原子释放出的巨大能量，可能比同等数量的三硝基甲苯（TNT）释放出的能量多几百万倍，比同等数量的煤燃烧产生的能量多几十亿倍。我们的化学家告诉我们，我们生活在一个非常智慧的时代，一个非常复杂的时代，工作是这个世界的口号。

超级化学家。——过去，开尔文勋爵（Lord Kelvin）曾用数学方法展示世界上的煤炭供应何时会枯竭，以此来吓唬我们这些现代人；他所说的不仅是真的，而且也只是一个时间问题，直到水力也枯竭为止。当这些自然资源消失时，人类将从何处获得力量，这个问题一直困扰着许多最伟大的科学家。来自太阳的直接辐射能，来自潮汐的能量，来自地球内部的热量，或者来自地球自转的能量，都已经考虑在内。但是很有可能的是，到真正需要其他能源的时候，超级化学家已经解锁了原子，从而将其巨大的力量赋予人类去做世界上的工作。

1898 年，威廉·克鲁克斯震惊了世界，他宣称，除非农民每英亩种植的小麦比他们以前种植的小麦多得多，否则白人种族将不得不食用其他谷物或遭受人口下降，这意味着东方种族将在我们之前稳步前进。增加小麦产量的方法是使用化肥，自从他发表这个声明以来，每年，除了在第二次世界大战期间，每英亩小麦的产量都在增加，显然，我们距离 1898 年小麦饥荒的结束已经很远了。世界上的磷酸盐来自美国，硝酸盐来自墨西哥辣椒，钾肥来自德国，这些肥料都有大量的储量，但是按照目前的速度，它们最终会被消耗殆尽。然后呢？

虽然，我们不知道通过合成或其他方式廉价生产钾肥的方法，但是化学家们已经学会了如何通过电火花来固定空气中的氮，这种产品在任何可以获得廉价能源的地方都能生产，它被用于肥沃土壤及许多其他用途。远在钾盐和磷酸盐层耗尽之前，化学家们就会找到一种方法，从我们周围随处可见但不易从混合物或化合物中分离出来的元素中制造出钾盐和磷酸盐；这些合成肥料将使小麦田在未来很长一段时间里继续生长。与此同时，超级化学家们将努力工作，解锁以同样直接的方式制造食物的过程，也就是通过合成，就像靛蓝和蓝宝石的制造一样。

早在 1828 年，德国化学家沃勒（Wohler）就从普通的矿物质中提炼出一种叫作尿素的白色晶体化合物，这种化合物天然存在于动物体内。这是化学史上第一次发现有机化合物，也就是有生命的物质，或者说曾经有生命的物质，由有机物质，或者说从未有生命的物质组成。由于尿素含有大量的氨，所以，现在在汽车装卸区批量生产。自从沃勒时代以来，许多其他的有机化合物都是由无机物质制成的。

1863 年，法国的马塞兰·贝特洛（Marcellin Berthelot）制造了脂肪和其他有机化合物，也就是类似生命体的化合物。他把自然界或矿物化合物中的各种游离元素一点一点地积累起来，然后根据需要添加一个碳原子、氢原子、氮原子或氧原子。

在 20 世纪的前几年，德国的埃米尔·费舍尔（Emil Fischer）制造了蛋白质，或者说蛋清，就像贝特洛制造他的化合物一样。正如人们通常所知道的那样，蛋清是由一种特殊的化合物制成的，由于它非常复杂，他不得不加入硫、磷和铁的原子。费舍尔花了大约 500 美元来制造一个鸡蛋中一半的蛋白，只要母鸡夫人和牛肉先生能够比超级化学家更便宜地制造鸡蛋和肉，它们就可以一直这样做。但是如果它们罢工，甚至灭绝，肉店将成为过去，人们将在药店购买脂肪和蛋白质。

而且，这种人造食品将比以前为人类提供大部分食物的飞禽和有蹄动物更好，因为人造食品不需要用冷库来保存它们的味道，也不会有疾病来毒害它们。当这个宁静的时代到来时，每个人都将拥有他想要的所有钻石和其他宝石，黄金将比现在的铅更加丰富，电力将像水一样便宜，生活将是一个漫长而甜蜜的梦想。然后，人类将变得极其聪明，他将再次过上新世纪人类的简单生活，因为工作将再次失去它的意义。